JN089452

ベトナム建設企業60社

ブレインワークス編著

ベトナム建設ビジネスチャンスをつかめ！

カナリアコミュニケーションズ

日本とベトナムの建設業界の未来を見据えて

　成長著しいベトナム。今や日本の経営者にとってアセアンの一国としての認識ではなく、新興国でビジネスを考える際に、常にトップバッターとして選択されるようになった。私がベトナムに初めて訪れてからすでに約２０年の歳月が過ぎた。正直、そのベトナムがここまで経済成長著しい国になるとは夢にも思わなかった。

　とりわけ、ここ数年のホーチミンやハノイの主要都市、中部に位置するリゾート地としても有名で観光客にも大人気のダナンにおける発展のスピードには驚くばかりである。

　ベトナムに限らないが、初めて訪れた新興国の発展ぶりや勢いはどのあたりで感じるものだろうか？　大抵の人は、やはり街の姿であり、建築物であろう。それと交通インフラも頭に浮かぶ。もちろん、都市の発展がすべて建築物とはいえないが、いまや世界有数の大都市になった上海、アセアンの中では突出して発展したバンコクにしても、高層建築物が立ち並ぶその姿に圧倒される。実際、世界でもトップクラスの東京は別格としても、日本で２番目の都市大阪が見劣りするぐらいである。

　かつて、日本の高度経済成長の時代には、中間所得層の住宅需要に応えるべく、ニュータウンの建設が主要都市部で一気に進んだ。交通インフラにしても新幹線を代表格として、日本の隅々まで道路が整備され、今でも日本の道路インフラの充実ぶりには驚くが、高度経済成長とともに社会インフラの建設が進んだ。世界を見渡してもこんな国は他にはない。そしてすでに、この充実した社会資本が今後の日本の足かせになりつつある。日本はその時代に建築したトンネルや橋梁の耐用年数の限界に近づいていて、膨大なメンテナンスコストが日本の財政にのしかかる。これはこれで、日本の深刻な課題である。

　「都市は人類最大の発明である」（ＮＴＴ出版）という書籍がある。この書には＜人類の歴史上、最大の発明は都市開発である＞と述べられており、歴史上栄えた都市の解説がなされている。そんなものの見方も含めて、ベトナムの発展ぶり

を見ていると、いまさらながら「この国の都市開発や建設業界のお手本はどこにあるのだろうか？」「この国の交通インフラは誰がどうやって充実させていくのか？」と考えてしまう。

大きな転換期の日本では、スマートシティの取り組みや環境未来都市構想など、サスティナブルで地球と共生するための都市開発の分野でさまざまな実証実験や研究開発が進んでいる。また、少子高齢時代真っ只中の日本では、地方都市を中心に高齢者の移動、つまりモビリティの課題が大きなテーマとしてあり、その改善に多くのプレイヤーが参画している。

世界で２番目の経済大国に駆け上がってきた過程で、作り上げてきた都市開発や交通インフラは大きな変革を必要としている。そういう意味では、これからの日本が向かう先には、どこにもお手本がないといえる。

こんな日本とベトナムの両極的な課題を俯瞰してみると、果たして、日本はベトナムのお手本となれるのだろうか？　成熟した都市開発のノウハウや技術、建設業界のノウハウなどはベトナムの未来に対して貢献できるのだろうか？　どうも心配になる。さらに、昨今は建設業界もＩＣＴとも密接な関係を築き始めている。ＢＩＭ (Building Information Modeling) やＶＲ (Virtual Reality) がその典型だろう。スマートシティが喧伝されて久しいが、日本でもいまだに試行錯誤中だ。

新興国のベトナムの都市開発や建設インフラの整備は、もしかしたら日本を反面教師にする部分も多いのかもしれない。つまり、お手本なき中で、新たな都市開発や社会インフラ整備が必要とされているのではないか？

ベトナムにおいても十数年先には訪れるだろう高齢化社会に適応するための街づくりはどうなるのか？　都市と地方の格差の解消の問題。あるいは、サスティナブルな都市開発などやるべきことは見えている。実はベトナムでも約15年ぐらい前に建設関係の経営者に頻繁に会っていた。ただし、民間企業は少なく、大半が国営企業だった。私自身が、建築が専門で、ゼネコンでの勤務経験を伝えると、たいていの経営者は面会を快諾してくれた。ホーチミンに高層建築がせいぜい20階建てのビルが２つか３つしかなかった時代である。トップクラスの建設業者でも、日本でいうとサブコンぐらいの建設会社の規模だったと思う。ただ、予想外にさまざまなサポートの依頼を受けた。あるトップクラスのゼネコンの社長は「プロジェクトマネジメントの強化がしたい」と訴えてきた。「サムライ魂も加えて教えてほしい」と依頼してきた経営者もいた。日系の工場に併設する社宅の建設工事現場の品質改善の指導も行った。あるデベロッパーの都市開発のコンサルティン

グなどいくつか引き受けたこともあった。現在もそういう要望に応えてはいるが、最も力を入れているのが、日本とベトナムの建設業に対する出会いの場の創出である。

　当社はタイミングを見て建設企業を紹介する書籍などを通して情報発信してきた。その活動の中で、ベトナムの建設業の驚くほどの成長ぶりに触れていると、「もはや日本勢には出番がほとんどないのでは・・・」と思ってしまうこともある。ところが、実際の建設会社の経営者の声は違う。品質向上はいうまでもなく、安全対策や職人の教育、工事現場のプロジェクトマネジメント、日本の機能的な建築技術、病院や介護施設など生活改善に直結する開発技術、高齢者向け日本人町の建設ニーズなどなど。日本への期待する声はいまだ大きい。技能実習生などの人的交流も拡大し続けてきた。

　日本にも課題がある。ベトナムにも未開発で課題は山積している。その中で、本書がお互いの国が連携し合い、ビジネスが豊かになるようなビジネスアライアンスが生まれるきっかけとなれば望外の喜びである。

2019年10月吉日
株式会社ブレインワークス　CEO　近藤 昇

Contents

Contents

第1部

成長を続ける
ベトナム建設業界

　経済成長著しいベトナムでは都市開発やインフラ整備など、まだこれから数十年は投資が継続することは、日本が辿った歴史を振り返ると想像に難くない。特にその成長を担う建設業界はこれから更に成長していくことが見込まれる。ここではベトナムの建設業界の現状について、各種統計データ等を元に整理していきたい。なお、紹介する各データについては主に国土交通省が管理する『海外建設・不動産市場データベース』をもとにとりまとめを行っている。

≫ 経済成長の屋台骨となる建設業界

　ベトナム統計総局のデータを見ると、2017 年の国内投資額は前年比+12.2％
増の714億USドルで、統計データのある2005 年以降、年平均14%増で拡大し
ている。セクター別の投資額構成比率は、2017年度の速報値ベースで民間セク
ターが40.6％と最も高く、公共セクター 35.7％、外資セクター 23.7％となって
いる（表1・表 2 参照）。特に民間投資の伸び率が高く、2010年から比較すると

（表1）ベトナム国内投資額のセクター別推移

（単位：10億USドル）

年度	2010	2011	2012	2013	2014	2015	2016	2017
公共	13.54	14.62	17.40	18.92	20.84	22.26	23.87	25.47
民間	12.82	15.24	16.48	17.66	20.06	22.63	24.78	29.01
外資	9.18	9.71	9.36	10.28	11.36	13.62	15.03	16.96
合計	**35.55**	**39.58**	**43.24**	**46.86**	**52.26**	**58.50**	**63.69**	**71.44**

出典：ベトナム統計総局のデータを元に当社にて作成。
以降の表や図は、特に断りがなければ同局のデータを出典としている。
※2017年は速報値

（表2）ベトナム国内投資額のセクター別推移（グラフ）

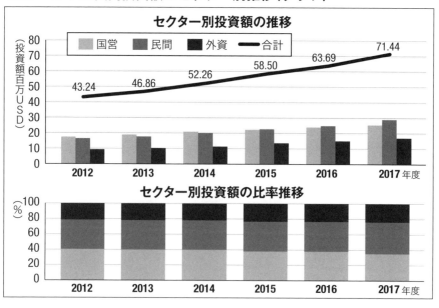

2017年度は約2.3倍となっており、民需が旺盛である様子がうかがえる。

　公共投資のうち、建設関連分野への投資額は70.6億ドルとなっており、表1で示した公共投資額の27.7%を占めていることが分かる。その中では「電気・ガス・エアコン等の供給」が54.5%と最も高く、続いて「建設」(21.6%)、「上下水道、廃棄物管理および修繕等」(15.5%)、「不動産」(8.4%)となっている(表3・表4参照)。公共投資の多くはインフラ関連を占めており、いわゆるハコモノの投資が占める割合が多くないことを示しているといえよう。

(表3) 公共投資の内訳推移

(単位：100万USドル)

年度	2011	2012	2013	2014	2015	2016	2017
建設	782	1,013	1,548	1,334	1,391	1,444	1,528
不動産	358	497	585	333	503	549	593
電気・ガス・エアコン等の供給	2,123	2,371	2,432	2,822	3,105	3,693	3,846
上下水道、廃棄物管理および修繕等	548	541	662	877	901	943	1,095
合計	3,812	4,421	5,227	5,367	5,900	6,630	7,062

(表4) 公共投資の内訳推移(グラフ)

国内総生産額（GDP）を確認すると、各セクターの合計で2,143億ドルになり、うち上述の建設関連分野のGDPは329億ドル、つまり、GDP全体の15.4%を占めていることになる。

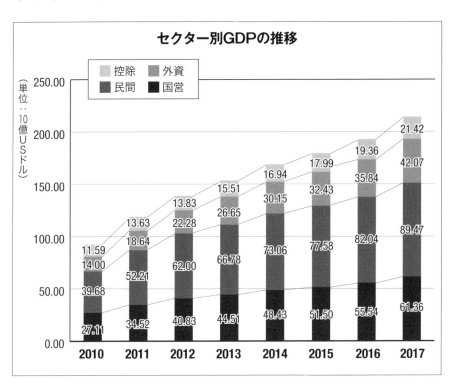

建設関連分野のうち「建設」が37.3%と最も高く、「不動産」（31.1%）、「電気・ガス・エアコン等の供給」（28.2%）が比較的高い割合を占める一方で、「上下水道、廃棄物管理および修繕等」が3.4%と小さい数字におさまっている。表3～4で示したデータを加味すると、ベトナムでは民間投資による建設需要が旺盛であることがわかる。

(表5) 建設分野別のGDPの推移

(単位：100万USドル)

投資分野	2010	2011	2012	2013	2014	2015	2016	2017
建設	5,678	6,682	7,481	7,878	8,614	9,765	10,823	12,293
不動産	5,638	6,983	7,641	8,113	8,652	9,114	9,790	10,269
電気・ガス・エアコン等のインフラ	2,814	3,471	4,166	4,935	6,082	7,167	8,086	9,309
上下水道、廃棄物管理および修繕等	476	584	654	766	836	923	1,008	1,111
合計	14,605	17,720	19,942	21,692	24,184	26,969	29,707	32,982

(表6) 建設分野別のGDPの推移（グラフ）

　続いて、建設業における事業者数、従事者数について確認してみる。国土交通省『海外建設・不動産市場データベース』によると、ベトナムの建設事業者数は2016年末で79,440社となっている。また、建設業従事者数は2017年第一四半期時点で382万1,700人となっている。建設市場の拡大により、社数および従事者数も年々増加傾向にあるといえよう。

≫ 日本のODAによるインフラ建設実績

　日本からベトナムの投資のうち、ODA関連での実績を確認すると、外務省ODA国別データ集によると2017年実績として円借款1,003億円、無償資金協力30億円、技術協力67億円となっている（表7・表8参照）。ベトナムの経済発展に伴い、全体の援助額は減少傾向にあることがわかる。

（表7）**日本のベトナムに対するODA実績年度別推移**　　　　　　（単位：億円）

年度	2011	2012	2013	2014	2015	2016	2017
円借款	2,700.4	2,029.3	2,019.9	1,124.1	1,787.6	1,321.4	1,003.0
無償資金協力	55.2	17.2	14.8	17.66	42.9	26.4	30.4
技術協力	104.9	85.2	82.7	76.7	101.6	90.4	67.1
合計	**2,860**	**2,132**	**2,117**	**1,216**	**1,932**	**1,438**	**1,101**

注) 1. 年度の区分及び金額は原則、円借款及び無償資金協力は交換公文ベース、技術協力は予算年度の経費実績ベースによる。2. 四捨五入の関係上、合計が一致しないことがある。

（表8）**日本のベトナムに対するODA実績年度別推移（グラフ）**

（表9）ベトナムにおける主要なODAプロジェクト（2013年度〜2018年度）

No.	種別	年度	件名	概要	供与限度額
1	有償	17年度	ビエンホア市下水排水処理施設計画	ベトナム南部ドンナイ省ビエンホア市における下水処理場を含む下水道システムの整備。	247億円
2	有償	16年度	ホーチミン市都市鉄道建設計画（ベンタイン−スオイティエン間）（1号線）	ベトナム最大の都市であるホーチミン市において、都市鉄道（約20キロメートル）及びその関連施設の整備を行うもの。	901.75億円
3	有償	15年度	南北高速道路建設計画（ダナン−クアンガイ間）（第三期）	ベトナム南北高速道路網の一部である同国中部のダナン−クアンガイ間（全長約130km）において高速道路を建設する。	300.00億円
4	有償	15年度	ラックフェン国際港建設計画（港湾）（第三期）	ベトナム北部のハイフォン市において、大型コンテナ船が入港可能な港湾を新たに建設するとともに、周辺基礎インフラの整備を行う。	322.87億円
5	有償	15年度	チョーライ日越友好病院整備計画	ベトナム南部のホーチミン市において新たな総合病院を建設する。	286.12億円
6	有償	14年度	南北高速道路建設計画（ベンルック−ロンタイン間）（第二期）	ベトナム南北高速道路網のうち、南部ホーチミン市郊外のベンルック−ロンタイン間において、高速道路（片側2車線、全長約60キロメートル）を建設する。	313.28億円
7	有償	14年度	第二次送変電・配電ネットワーク整備計画	ベトナムの主要都市部における工業団地等の産業集積地を中心とした地域で送変電・配電設備の新設・増強を行う。	297.86億円
8	有償	13年度	南北高速道路建設計画（ダナン−クアンガイ間）（第二期）	ベトナム南北高速道路網の一部である同国中部のダナン−クアンガイ間（全長約130キロメートル）において高速道路を建設する。	300,08億円
9	有償	13年度	タイビン火力発電所及び送電線建設計画（第二期）	ベトナム北部のタイビン省において、同地域産出の石炭を燃料とする火力発電所（600メガワット）及び周辺地域の送電線や変電所等を整備する。	363.92億円
10	有償	13年度	ノイバイ国際空港第二旅客ターミナルビル建設計画（第三期）	ハノイのノイバイ国際空港において、国際旅客用の第二旅客ターミナルビルの建設及び付帯施設一式（道路・駐車場、手荷物処理システム、セキュリティシステム、下水処理システム、航空機燃料供給システム等）の整備を行う。	260.62億円

出典：外務省ウェブサイト「日本のODAプロジェクト　ベトナム」より過去5年間の金額規模が大きい10のプロジェクトを抜粋。

一方で、ODAによる支援については問題が横たわっている。ベトナムはインフラ整備のため巨額のODA融資を受け続けてきた事実がある。財政収支が慢性的に赤字続きのベトナム政府の債務残高を懸念する声があがり、政府側も債務残高をGDPの65％以内に設定することを決定した。ところが2016年にはその上限に残高が近づき、建設工事代金の未払いなどのトラブルが発生している。日本政府も解決への取り組みを強化するなど対策を講じており、今後のベトナムにおけるODAのあり方も見直しが迫られそうだ。

参考までに、2013年〜2018年年度にE/N締結済みのODAプロジェクトを抜粋する。（表9）

≫ ベトナムで活動する建設会社

国土交通省『海外建設・不動産市場データベース』によると、ベトナム国内における総合的な建設プロジェクトを担う事業者として表10の企業を記載している。

（表10）**代表的なベトナムの建設事業者**

- Vietnam Construction And Import-Export Joint Stock Corporation (VINACONEX)
- Bach Dang Construction Corporation (BACH DANG)
- Song Da Corporation (SONG DA)
- Vietnam infrastructure development and construction corporation (LICOGI)
- Construction Corporation NO.1 Company Limited
- Hoa Binh Construction & Real Estate Corporation (HBC)
- HANOI CONSTRUCTION JOINT STOCK COMPANY NO.1

ベトナム国内で広く認知されている国営系建設業者としては、インフラ建設開発総公社(Infrastructure Development and Construction Corporation＝LICOGI)、ビナコネックス株式会社(Vietnam Construction And Import-Export Joint Stock Corporation＝VINACONEX)、第1 建設株式会社(Construction Joint Stock Company no.1＝COFICO)、ソンダー総公社(Song Da Corporation)などが挙げられる。また、知名度の高い民間系の建設業者では、ホアビンビル建設管理株式会社(Hoa Binh Construction & Real Estate

Corporation ＝ HBC) 、コテック建設株式会社(Cotec Construction Joint Stock Company＝COTECCONS) などが挙げられる。

　一方、日系企業については、国土交通省『海外建設・不動産市場データベース』によると、2016年7月時点でベトナムに進出済みのゼネコン、インフラ開発事業等の日本企業として表11のように公表している。

（表11）代表的なベトナムに進出した日本の建設関連事業者

安藤ハザマ	戸田建設	高砂熱学工業
大林組	西松建設	TSUCHIYA
鹿島建設	IHIインフラシステム	きんでん
熊谷組	五洋建設	NIPPO
鴻池組	JFEエンジニアリング	ピーエス三菱
清水建設	鉄建建設	フジタ
銭高組	東亜建設工業	不動テトラ
大成建設	日立造船	三井住友建設
東急建設	前田建設工業	りんかい日産建設
東洋建設	横河ブリッジホールディングス	若築建設
徳倉建設	大気社	

　また、国土交通省『海外建設・不動産市場データベース』によると、日系企業の建設分野の受注実績は海外建設協会の調査結果に基づき、表12のとおり公表している。ベトナムの建設分野の成長の推移と比較すると、2011年に急拡大して以降、日系企業の受注実績が伸びていない。表7で示した通り、ＯＤＡ全体が減少傾向にある中で日系企業がベトナム現地の旺盛な建設需要を十分に取り込めていない様子がうかがえる。

（表12）代表的なベトナム進出した日本の建設関連事業者　（単位：億円）

年度	2009	2010	2011	2012	2013	2014	2015	2016
日系企業の受注実績	452	338	1,039	752	919	986	1,111	794

≫ 盛り上がる住宅市場にチャンスあり!?

　ベトナム統計総局のデータによると、2016年末の新築住宅床面積は1億㎡を超え、前年比約9.7%増となった。リーマンショックの影響で不動産バブルが崩壊した2010年からしばらく面積数は減少したが、2013年からは再び増加傾向にある。景況に左右される側面があるとはいえ、着実に増加していることがわかる（表13参照）。

　特に成長著しいのは紅河デルタ（ハノイ市を含む）、東南部（ホーチミン市を含む）、メコンデルタ（カントー市を含む）で、前年比20%以上の拡大をしている。

　また、表14を見ると、住宅のタイプ別ではマンション、戸建てともに増加傾向にあることがわかる。民間投資による住宅分野が成長している様子が読み取れる。

　マンションの着工数が2012年に大きく落ち込んだが、ベトナム全体の景気低迷の時期であったことに加え、ホーチミン市やハノイ市といった大都市での主要な住宅開発が区切りを迎えたことも影響していると考えられる。しかし、近年は戸建ての伸びが著しく、ハノイやホーチミンの大都市圏の郊外などに移り住む人々も増えている。

(表13) 地域別・新築住宅面積の推移

（単位：千㎡）

年度	2010	2011	2012	2013	2014	2015	2016
紅河デルタ地方	23,993	22,619	18,841	22,345	21,618	20,659	24,484
北部高原・山間地方	14,147	10,521	10,829	12,329	12,662	14,327	14,051
北中部・南中部沿岸地方	13,399	16,665	17,382	17,717	19,023	19,237	19,958
南中部高原地方	4,505	4,143	5,321	5,640	5,966	6,092	5,829
東南部	11,757	11,355	10,338	10,875	11,271	13,736	16,917
メコンデルタ地方	18,084	19,063	18,602	17,715	19,303	19,371	21,249
合計	85,885	84,366	81,313	86,621	89,843	93,422	102,488

(表14) 住宅タイプ別着工数の推移

（単位：戸）

年度	2010	2011	2012	2013	2014	2015	2016
マンション	4,559	4,219	1,844	3,361	2,326	2,324	2,982
戸建て	81,326	80,147	79,469	83,260	87,517	91,098	99,506
合計	85,885	84,366	81,313	86,621	89,843	93,422	102,488

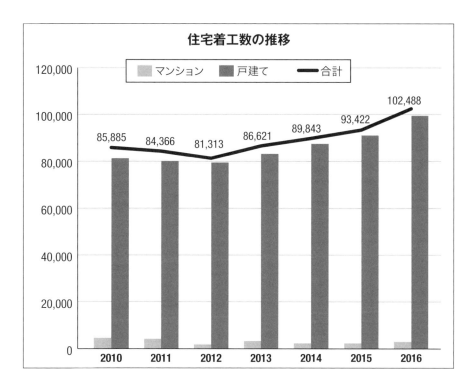

住宅着工数の推移

≫ ベトナムのインフラ開発はこれからが本番

　世界経済フォーラム「世界競争力レポート2018年　インフラ」によると、ベトナムはインフラ全体で140カ国中75位、うち交通インフラで73位となっていた。交通インフラ分野では道路が112位と著しく評価が低くなっているものの、鉄道63位、空港40位、水上運送32位と比較的高い評価となっている。

　このデータを見る限りでは、インフラ整備では先進国より大きく遅れをとっているものの、世界の中位に位置し、新興国地域の中では比較的進展している状況にあると考えられる。ただし、道路の質には大きな課題を抱えているといえよう。

　また、2017年のベトナムの海外投資のプロジェクト数は2,300を超え（表15参照）、870億USドル以上の登録資本額がある。うち建設分野は1,500近いプロジェクト数と圧倒的な割合を占めており、着実に市場は拡大することが見込まれよう。

（表15）**海外投資のプロジェクト数と登録資本額**

分野	プロジェクト数	登録資本額（百万USドル）
建設	1,481	10,846
不動産	639	53,226
電気・ガス・エアコン等のインフラ	115	20,821
上下水道、廃棄物管理および修繕等	68	2,339
合計	**2,303**	**87,232**

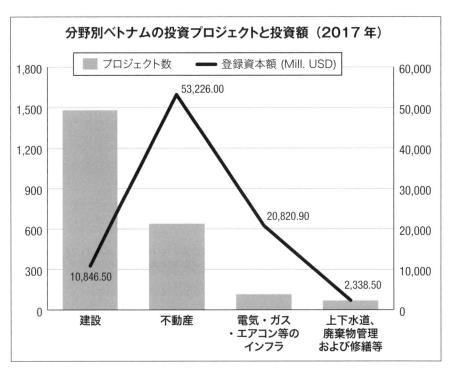

団塊世代に特別な国ベトナム

小山　雄二

私のベトナム地図ができるまで

　40年たった今でも鮮明に覚えている本がある。私がまだ大学に在籍していたとき、本屋でたまたま手にした植草甚一の「ぼくのニューヨーク地図ができるまで」である。海外旅行はまだまだ高嶺の花の時代、アメリカやヨーロッパに好奇心をもった大学の先輩たちが、アメリカ行きは横浜から貨物船の作業員になり、ヨーロッパを目指した者は新潟からナホトカを経由しシベリア鉄道でヨーロッパに向かった。そういう私も海外に憧れていたのだろう、タイトルに惹かれて購入したことを覚えている。調べてみたら発刊が1977年であり、すでに絶版扱いだが、アマゾンではいまだ中古で高値がついている。今でも人気があるんだな、と妙に嬉しくなった。

　1977年といえば、第一次石油ショックと第二次石油ショックの間、北ベトナムの勝利で全土が統一された1975年の翌々年である。私が大学に入学した1969年ころ、世界で第2位の経済大国となった日本経済が陰りを見せ、1971年のニクソンショック、1973年の第一次石油ショック、さらに総理大臣田中角栄の日本列島改造論が引き起こした不動産バブルが崩壊して高度経済成長が完全に終焉した。

　私が大学を卒業した1973年は大手企業が社員の採用数を極端に絞ったため、多くの同級生が留年を選んだ。私は大学の研究室に残り建築の設計の仕事を始めたが、折からのオイルショックによる建材の値上がりで工事見積りを取れない状態が半年以上続いた記憶が鮮明に残っている。当時の私に関心があった海外の出来事は、1972年の中国との国交回復と1973年のベトナム戦争の終戦合意、それと中近東の紛争で多発したテロ事件である。

　当時、大学入学時から大学キャンパスに「ベトナム戦争反対」の空気が充満しており、毎日のように繰り返された学生集会と大学当局との団体交渉、街頭でのデモ活動によって私たち団塊の同世代人には「ベトナム」に対する強い思いが残ってい

る。そのベトナムに私が初めて足を踏み入れたのが2011年である。

初めてのベトナムで見た光景

　私がベトナムを訪れたきっかけはブレインワークスがホーチミン市で主催した
カンファレンスで講演を頼まれたことである。同社の近藤社長は私が日本でやっ
てきた仕事と職能をよく知っており、ベトナムで都市開発と建築の話をしてもら
いたいということであった。「ベトナムでは今から高度経済成長に伴う都市開発が
興盛時期を迎える、ローカルのデベロッパー、建設会社、設計事務所を集めるので
日本の都市開発の歴史と私の経験を話して欲しい」というのが具体的なリクエス
トであった。

　講演は2011年4月を予定していたが、同年3月11日に発生した東日本大震災
により、ベトナムから急遽、講演内容に震災報告を入れて欲しいと要請があった。
そのため、ベトナムに飛ぶ直前に東北3県の沿岸を回っている。私の活動は関西
が拠点で阪神淡路大震災を経験していたが、その時と違って大きな衝撃を受けた。
ひとことでいえば神戸では「都市が破壊された」が、東北は「都市が消滅した」であ
る。それは、私の40年にわたる建築家経験で最も大きな出来事であった。

　ベトナムで日本の都市開発の「輝かしい歴史」を話そうとしていた私だが、営々
と築かれてきた都市が一瞬で消滅する、その事実を抜きにして何も語れない、ど
んな話をしようか迷いながらベトナムに旅立った記憶が今でも残っている。講演
会前に、中心市街地とその周辺で開発が始まっているホーチミン市を駆け足で見
て回って講演会に臨んだが、そのときには既にこれらの開発の先にあるものを話
さなければならないと思っていた。

ベトナム地図ができあがるまで

　私のベトナム生活は2011年から始まった。最初の1年はホーチミン市をウロウ
ロしていた。ホーチミン市2区と7区の開発地区を中心に情報を集め、講演会に集
まったローカルの経営者との交流を続けた。翌年、ホーチミン市に隣接するドン
ナイ省のロンタンゴルフリゾートから1,200haを超えるエリアの開発計画を依頼
されることになる。ホーチミンに駐在する日本人なら誰もが知っているロンタン
ゴルフ場を取り囲む土地の開発である。

　1,200haといえば大阪の千里ニュータウンとほぼ同じくらい。すでに開発は進んでおり、ゴルフ場を含む430haは開発済みだった。その事業に投資した資金は回収されており、残りの土地を3年刻みで開発予定とのこと。私は日本の大規模開発の経験から8期24年間の開発スケジュールと全体計画を提案する。ここで最初の壁に当たる。

　私には24年目の解答がわかるが、彼らは24年という時間が読めないのである。当然といえば当然であり「今が永遠に続く」と考えている。社名にあるようにこの地をリゾート＝ビラ（別荘）で開発すると発想するからである。しかし、右肩上りの土地神話を信じて経済を崩壊させた我々には笑えない話であり、ベトナムの多くの経営者がベトナムの住宅市場の変化に気づいて経営の舵を切るまでそれから5年の歳月が必要だった。

　ベトナム企業の経営者との認識のギャップは当然といえば当然である。そんななか東急電鉄がホーチミン市の北側に隣接するビンズン省が進める大規模開発に1000億円規模の投資を決める。同社は「ベトナムの田園都市」を目指すといったが、私のこの経験から「大丈夫なのかな？」と思ったのは事実である。私個人が持っている大規模開発の手法は、この国ではまだ時期尚早だと感じていたからだ。

　2013年から、私は二つのベトナム企業と仕事を始めた。住宅デベロッパーのノバランドと大手建設会社のECIである。ノバランド社の創業は2007年だが、2016年に株式市場に上場した。しかし当時は最初のプロジェクトを完成させたばかりで急拡大する業容に対応するため組織固めが急務となり、私は経営委員会の技術最高顧問に就任した。

　一方、ECI社は高層マンションなど民間事業の他、ホーチミン市美術館といった公共事業を請負っていたがお世辞にも施工品質が良いとは言えなかった。同社から建築施工の技術指導を頼まれ、顧問に就任した。同社が請け負った工事の現場管理を経験したことはよい勉強になった。同時に同社を中心に運営されていた社団法人サイゴン建設・建築資材協会の役職も経験させてもらった。

　2014年、私はノバランド社のマンション管理を担当していたVNPT-PMC社に求められ、日本の不動産管理業務の技術移転を図る目的で日本との合弁事業の立ち上げに奔走していた。2016年にVNPT-PMC社が日本企業と資本提携をし、2017年には同社が設立したベトナムビケン社の社長に私自身が就任することになる。ハノイ、ダナン、ホーチミンの各市で不動産管理業務の実務に従事している。実は、不動産管理業は私がベトナムに来てから最も注目しているビジネス分野

のひとつであった。

先進国と新興国の住宅産業の違い

　新興国に限らず、先進国でも住宅産業は国家経済にとって大きな役割を占めている。国家の経済が発展するには若年労働者と勤労者の大都市、工場地帯への移動が必要であり、結果として大きな住宅需要を生み出す。15世紀に始まった大航海時代、資源と労働力を求めて植民地争奪の戦争時代を経てイギリスで産業革命が起こる。19世紀に入り欧米に広がっていった加工産業には、国内外の物資と労働力の移動が必要になった。

　先進国は競って世界から資源を集め、アメリカはアフリカから労働力として奴隷狩りを行った。日本も例外ではない。朝鮮半島、満州へと覇権を広げていった。そのような工業の発展のひとつとして先進国の住宅産業が興盛していくのである。先進国では産業を第一次、第二次、第三次の分野に分けるが、私は、住宅産業だけは「建材を提供する第一次」「部材を加工する第二次」「現場で組立技術を提供する第三次」といずれの分野とも深く関わる産業とみている。そのことによって各国政府は住宅産業を国家経済の循環を見ながら、景気対策として住宅産業をコントロールしている。日本でも高度経済成長が陰りを見せ始めた1966年に住宅建設計画法が制定され、政府が日本で5カ年ごとに供給されるべき新築住宅戸数を決定している。2008年、世界経済と金融システムを震撼させたアメリカ発のリーマンショックは、2001年に崩壊したITバブルによる景気後退を食い止めるために政府と金融機関が一斉に住宅産業になだれ込んだことに端を発している。

　このように住宅産業は、世界の国々の経済にとって非常に大きな役割を担っているといっていい。しかしその産業の姿は産業革命後に起こった大都市や工業地帯における住宅不足を解消しようとした政策で行われた住宅の供給と需要喚起の仕組みと大きく変わっていない。並行して進んだ製造産業を同じように住宅の大量供給と大量廃棄の繰り返しが産業の根底にあるからである。そして世界は今、地球環境抜きに産業構造の転換を迫られている。住宅産業もその例外ではありえない。

　新興国は先進国から流入する資本によって経済成長の道筋を設計している。新興国が手にするのは、外国政府による資金援助ODAと民間の投資資金である。多くの民間資金が海外からのものである。民間の資金は製造業や流通業の実ビジネ

スと、不動産業や金融業による投資ビジネスに大別される。先進国の住宅産業は低所得者に対する公共投資と賃貸収益や値上り益を求める民間投資に分けられる。住宅の建設に投資される、戦後日本の経済復興に必要だった資金もアメリカから提供された資金で始まっている。

　住宅産業は、不動産業、建設業、設備機器や建材の製造業、家具、家電、食器といった生活材の製造業が含まれ、極めて裾野が広い産業である。同時に、20世紀型の産業革命以降に生まれた産業構造は製造業と一体的な構造だったと認識している。住宅産業は、農業生産が社会の中心だった時代から製造業が経済を牽引する工業化社会への変化と表裏一体で発展してきたといってよい。私は先進国と新興国の住宅産業には大きな違いがあると考えている。国ごとに明確な違いがあるということではなく、先進国型と新興国型に分けて考えるべきだという視点である。東アジア、東南アジアに絞って、日本の経済成長の後を追って2番手のランナーとなった韓国と台湾。改革開放を掲げて今や世界第2位の経済大国となった中国。明確に日本社会をお手本に、国際資本をテコに発展したタイ、マレーシアなど後発グループの発展の道筋を見ればそれはよくわかる。

「実際需要の論理」と「投資資本の論理」を見極める

　私はベトナムで大規模開発事業を解説するときに、1980年代までの先進国型開発とシンガポール型開発のふたつに区別して説明している。一言でいえば「実際需要の論理」と「投資資本の論理」との違いである。いずれも不動産への投資行為であるが、投下される資金の性格が全く違うからである。日本が1980年代後半に発生したバブル時代に犯した失敗が、これらのふたつの論理の違いを認識できなかったからだということに気付かされたのがニューヨークでの事業経験である。

　当時のアメリカでは、バブルで膨れ上がった日本の投資資金がニューヨークだけではなくロサンジェルスなどにもなだれ込んでいた。私が日本で経験し、学んだ実需に対応した開発計画の手法が全く通用しないことを思い知らされたのである。それはその後の中国全土で繰り広げられた住宅開発事業の背景にあった「投資資本の論理」そのものである。中国での開発は地方都市だけではなく大都市でも国営企業をテコにした国内資本が大半を占め「投資資本の論理」が働かなかったといっていいだろう。

　「投資資本の論理」が明確に都市開発を進めてきたのが、シンガポールとマレー

シアである。ふたつの国を訪れたことのある人がすぐに気づかされるのが、整然とした街の美しさであり、効率的に整備された鉄道網や高速道路網である。政府によって開発は公的資本と民間資本が融合させたかたちで、それらの国に投資した企業に最大収益を確保しようとしているようにさえ思える。

　大学で建築計画論を学び、鉄道会社、信託銀行、デベロッパー、自治体の第三セクターなどが推し進める大規模開発に携わってきた私にすれば、全く違う手法を海外で学んだことになる。その後、中国からアメリカへ、そして今東南アジアで仕事をしている自分がいる。私が新興国の都市開発や住宅産業を考えるときに、私が学んだ日本的な開発手法、はじめてベトナムにくる直前にみた東北の三陸沿岸の風景も含めてリセットしたように、新興国で不動産や建設に投資する経営者は事業構造を冷静に見ることが極めて重要といえる。

小山 雄二（こやま・ゆうじ）
　京都大学大学院工学研究科修士課程修了。一級建築士、芸術工学博士。都市・建築計画コンサルタントとして(株) R&Dアソシエイツを創業。 政府・自治体や大手建設会社等と不動産開発の他、商業施設の開発運営、商品開発、イベントプロデュースなど多数手掛ける。 2011年よりベトナムにて活動を開始。現地大手デベロッパーの都市計画策定支援や合弁会社設立等、現地建設ビジネスを推進している。

第2部

躍進する
ベトナム建設企業

都市化が進み、各所で建設ラッシュのベトナム市場において
活躍する企業を紹介しよう。
日本企業との協力関係を求める企業も少なくない。
ぜひ、皆さまの良きパートナー探しに活用いただきたい。

Architects & Construction Service Corporation

会社概要 ＊＊＊＊＊＊＊＊＊＊＊＊＊＊＊＊＊＊＊

【社 名】Architects & Construction Service Corporation
【設立年月日】1976年
【資本金】4463億392万5731VND
【代表者】DINH VIET DUY
【売上（2018年度）】5144億7993万340VND
【住所】36 Ung Van Khiem Street, Ward 25, Binh Thanh District, Ho Chi Minh City
【従業員数】300名

設立の背景とビジョン

❖ 設立にいたるまで

　1976年設立。ホーチミンに本社があります。以前は産業貿易省（現在は商工省）の傘下の国営企業でした。42年にわたり、同社は不動産投資、全国で様々なプロジェクトの設計および建設という3つの主要分野に携わっています。1994年から、日本、台湾、韓国、インド、ヨーロッパ、アセアンなどの海外直接投資プロジェクトに参加し、現在も継続しています。2016年以降、BIMプラットフォーム上で開発およびグリーン・ビルディングの持続可能な建設を日本などの先進技術を適用しています。

❖ 創業者の理念・ビジョン

　設計・工事に造詣が深く、経験も豊富です。「プロフェッショナル―持続可能な貢献」をモットーに、顧客のニーズを満たし、国の発展に貢献します。

自社の強み

❖ 他社と比較しての強み

　政府からベトナム労働英雄の称号を受けました（2006年）。土木・工業の工事や

設計におけるトップ企業で、ベトナムにおけるグリーン・ビルディングおよびBIM情報管理モデルを適用した先駆的企業です。2004年以来、同社は商務省（現在は商工省）から合資会社への転換を認められており、国が資本の30％を保有していました。2008年に同社は国が資本を持たない合資会社となり、会社法の下で運営されています。同社は顧客のニーズを満たすことに最善を尽くし、優れた開発ステップを実行し、品質に関して高い評価を得ている請負業者のグループに属しています。同社は、「安全と品質への取り組みの推進」というモットーを忠実に守り、顧客に最高の満足を提供しながら、持続可能な開発を達成します。

❖ サービスの差別化について

工事情報モデル、グリーン工事、日本から独占技術指導を受けたStriving Methodのタイル張り技術などを駆使しています。顧客にプロジェクトの各段階での適切な調整オプションをコンサルティングしています。日本、台湾などでの高品質の工事実績を多く持っています。ISO、OHSASなどの国際基準安全管理システム、品質管理システムの認証も受けています。

実績

❖ これまでの建設実績
URL: http://www.acsc.com.vn/en/projects

・ベトナム労働英雄の称号
・第1級、第2級、第3級の労働メダル
・土木・工業の工事や設計におけるトップ企業
・Leed Silver, Gold, Platinumなど、多くのプロジェクトでグリーン工事基準達成
・Greenfield 686は政府のBIMパイロット工事
・ホーチミンのTan Thuan輸出加工区、Linh Trung輸出加工区、Vinh Loc工業団地など
・ドンナイ省のビエンホア工業団地1、ビエンホア工業団地2、アマタ工業団地、LOTECO工業団地、ホーナイ工業団地、ロングドゥック工業団地（LDIP）、ロンタン工業団地など

・ビンズオン省のSong Than工業団地、Viet Huong工業団地、VSIP-I、VSIP-II、VSIP-IIA、ダイダン工業団地、ASCENDAS工業団地、Rach Bon工業団地、My Phuoc工業団地1、2、3、タンユエン工業団地など
・Ba Ria Vung Tau省のMy Xuan B1工業団地、MY Xuan AII工業団地、Dong Xuyen工業団地、フーミ1工業団地など
・ロンアン省のThuan Dao工業団地、Can Giuoc工業団地、Long Hau工業団地など
・ティエンザン省のミート工業団地
・ベンチェ省のGiao Long工業団地
・タイニン省のLinh Trung工業団地3、Phuoc Dong工業団地
・カンホア省のSuoi Dau工業団地
・上記の地域の工業団地以外のプロジェクト

　直接投資分野における同社の顧客には、日本、台湾、シンガポール、マレーシア、韓国、中国、タイ、フィリピン、オーストラリア、ドイツの投資家、デザインコンサルタントおよび建設請負業者が含まれます。

問い合わせ先

【社名】Architects & Construction Service Corporation
【住所】36 Ung Van Khiem Street, Ward 25, Binh Thanh District, Ho Chi Minh City
【電話番号】(+84) 935.814.183
【E-mailアドレス】manhtoan@acsc.com.vn
【担当者名】NGUYEN MANH TOAN
【WEBアドレス】http://www.acsc.com.vn

Hoa Binh construction group joint stock company (HBC)

会社概要 ＊＊＊＊＊＊＊＊＊＊＊＊＊＊＊＊＊＊＊

【社　名】Hoa Binh construction group joint stock company (HBC)

【設立年月日】1987年9月27日

【資本金】1兆9477億4977万VND

【代表者】LE VIET HAI

【売上 (2018年度)】16兆483億7321万3147VND

【住所】本　　　　社：235 Vo Thi Sau Street, Ward 7, District 3, Ho Chi Minh City

社長事務所：123 Nguyen Dinh Chieu Street, Ward 6, District 3, Ho Chi Minh City

【従業員数】7,161名

設立の背景とビジョン

❖ 設立にいたるまで

　1987年、Hoa Binh construction group joint stock company (HBC)はわずか20名のスタッフで設立され、主に民間住宅の設計と建設を行いました。同社は若いスタッフが多いのですが、優れた発想力、強固な学習意欲、そして高い責任感を持っています。同社は、レストラン、ホテル、オフィスなど、多くの商業プロジェクトを請け負いました。30年以上の経験を積み、現在同社はベトナムで大手建設会社として知られています。多くの国際プロジェクトを成功させ、同社はベトナムで不動の地位を築いています。長年にわたり、同社はKeppel Land（シンガポール）、Gamuda Land（マレーシア）の大規模な海外投資家、ビングループ、サングループ、ノバランド、B.I.M、CEOなど、国内の大手不動産企業から信頼され、数兆円規模のプロジェクトを請け負いました。同社のブランド力の高まりとともに顧客数も増えています。

❖ 創業者の理念・ビジョン

　同社には30年以上の経験に裏付けられた7大価値観があります。

1. 品格を重視した立居振舞の7要素

＊会社に対して献身的で忠誠心を持つこと
＊顧客に対して熱心で丁寧な振る舞いをすること
＊自分に対して節操があり、積極的であること
＊部下に対して理解を示し、模範的な態度を示すこと
＊同僚に対して協調心を持つこと
＊上司に対して尊敬心を持ち、服従すること
＊人に対して正直であり、慎み深い態度をとること

2. 倫理的振る舞いの7要素

＊公正な仲裁　　　＊公正な所得　　　＊公正な態度
＊公正な賞罰　　　＊公正な行動　　　＊公正な思想
＊公正な金融面の透明性

3. コミットメントの履行：7つの正しいこと

＊正しい品質　　　＊正しい時期　　　＊正しい数量
＊正しい価値　　　＊正しい標準　　　＊正しい(商品の)原産地
＊正しい方法

4. 規律の遵守：7つのノー

＊法律違反にノー　　　＊定款違反にノー　　　＊契約違反にノー
＊規則違反にノー　　　＊方針違反にノー　　　＊工程違反にノー
＊社会規範違反にノー

5. 会社の本質 (6 + 1)

＊創造的起業家精神　　　＊効率的ガバナンス　　　＊洗練された技術
＊熟練したスキル　　　＊総合的な品質　　　＊稀有なスピード
＊不動のベトナム人魂

6. ダイナミックな創造性：7つの領域

＊工学　　　＊テクノロジー　　　＊ガバナンス
＊商業　　　＊文化　　　＊教育　　　＊芸術

7. 積極的協力：7つの要件

  ＊謙遜   ＊忍耐   ＊おもてなし   ＊誠実さ

  ＊調和   ＊善意   ＊忠誠

この7大価値観が現在の同社の文化的価値を生み出しています。

自社の強み

❖ 他社と比較しての強み

　同社の強みは、早い段階で高度な管理システムを構築したことです。特にPMSシステム（HBC Project Management System）は2017年から同社が独占的にデザインしました。2009年のERPエンタープライズ・リソース・プランニング・システムおよび2013年の3D BIMテクノロジーソリューションに基づいて統合構築しました。このシステムは管理者と現場が直通で結ばれ、どこにいてもスマートフォン、コンピュータなどのモバイルデバイスを通じてコミュニケーションが

とれます。PMSはプランニング、品質管理、進捗、価格、支払いのすべての機能を持っており、リソースの供給および進捗・コストの予測もできます。特に同社は技術作業、労働安全、プロジェクトの財務に関するリスクを全面的に管理するシステムを持っています。

❖ サービスの差別化について

　同社は最適技術によるソリューション、品質面と価格面の保証をしています。従って、投資家は安心して、同社を新しいプロジェクトの主要請負業者に選ぶことができます。さらに、同社は国内外のパートナーとも長期の戦略的協力関係を結んでいます。2017年初頭、日系企業の鹿島と建設分野において戦略的協力関係を結びました。互いに相手の強みを生かし、顧客の重要なプロジェクトに多くの付加価値をもたらすことが期待されています。両社の初めてのジョイントプロジェクトとして、ハードン・イオン・モール（ハノイ）の建設を進めました。これは、ベトナム最大の商業施設になります。

実績

❖ これまでの建設実績

URL: http://www.hbcr.vn/project/year/2019.html

　30年以上の建設と開発を通じて、同社は国内外の400件以上のプロジェクトを完成させました。現在同社は北から南まで同時に約90件の工事を手がけています。同社はグローバルレベルで、ベトナムブランドの誇りと価値の向上に貢献しています。同社は、国内大手総合会社から国際的な建設会社への転換を図っており、コンサルティング会社のMcKinsey（アメリカ）と協力しています。

問い合わせ先

【社名】Hoa Binh construction group joint stock company（HBC）
【住所】123 Nguyen Dinh Chieu Street, Ward 6, District 3, Ho Chi Minh City
【電話番号】(+84) 28. 3932. 5030
【E-mailアドレス】info@hbcr.vn
【担当者名】Tran Kim Ngan
【WEBアドレス】http://www.hbcr.vn

LILAMA 18 JOINT STOCK COMPANY

会社概要　＊＊＊＊＊＊＊＊＊＊＊＊＊＊＊＊＊＊

【社名】LILAMA 18 JOINT STOCK COMPANY
【設立年月日】1977年
【資本金】4000万USD
【代表者】Tran Sy Quynh（オーナー）
【売上 (2018年度)】8400万USD
【住所】9-19 Ho Tung Mau street, District 1, Ho Chi Minh City
【従業員数】約3,000名

設立の背景とビジョン

❖ 設立にいたるまで

　40年以上にわたる業務において、LILAMA18 JSC（リラマ18）は経営改革、従業員のマナー向上に積極的に取り組み、顧客にご満足いただけるよう、日々努力しています。同社の前身の機械据付会社18号は国営企業であり、Vietnam Machinery Erection Corporation（LILAMA）のメンバーです。以下が同社の変遷です。

- 建設省の1977年4月6日付No. 66 / BXD-TCCB号の決定書により、機械据付企業8号を設立
- 1982年1月21日付の建設省の決定、No. 98 / BXD-TCCBにより、機械据付企業8号を統合機械据付企業18号に改名
- 1993年1月27日、国営企業の再設立に関する建設省の決定No.005 /BXD-TCLĐにより、統合機械据付企業18号
- 建設省の国営企業の名称の変更に関する決定No. 05 /BXD-TCLĐにより、統合機械据付企業18号の改名
- 2006年10月24日、建設省の決定No.1450 / QD-BXDにより、機械据付およ

び建設会社18号の株式化計画によるLilama 18 Joint Stock Company承認
- 建設省の決定No. 1673 / QD-BXDにより、2006年12月11日付で、ベトナム機械据付会社に付属する機械据付および建設会社18号をLilama 18 Joint Stock Companyに変更

LILAMA 18 JSCは、国家から第3級独立勲章、第1級、第2級、第3級労働勲章、ベトナム建設組合から12個の高品質の金賞が授与されました。
・品質管理システムISO 9001：2015
・OHSAS 18001労働安全衛生管理システム：2007
・アメリカ機械技術者協会の会員 (ASME)

❖ 創業者の理念・ビジョン
誠実、プロフェッショナル、信用

自社の強み

❖ 他社と比較しての強み
*品質ポリシー
-署名済みの契約に基づく顧客のすべての要件と、適切な法的および規制上の要件を満たします。
　　-生産および設置据付分野における最新の科学技術を適用
＋据付機械製品の品質を確保
＋コストを最適化し、競争力のある価格を設定
＋スムーズに取引し、納期通りに配送
-品質方針は全社員が一貫して品質目標を理解し、目的を達成するために協力
-ISO 9001：2015に従って、品質管理システムの有効性を実装、維持、継続的に改善するために必要なリソースを提供する準備ができています。

❖ サービスの差別化について
1. 工事提案を詳しく相談、説明すること
2. 工事過程を厳密に監視すること
3. 顧客へのコミットメントを積極的に実施すること

実績

❖ これまでの建設実績

1. 持続可能な売上の向上：顧客を維持し、新規顧客を獲得
2. 石油化学・電力・鉄鋼・セメントなどの工場の機械、電機の設備およびコントロール
3. 加工：Port Crane's steel structure; Stacker- reclaimer; Pressure vessel (ASME stamped); Power piping; Oil rig jacket; v v.
4. 石油化学・電力・鉄鋼・セメントなどの工場のメンテナンスサービス提供

URL: http://www.lilama18.com.vn/vi/project/category/1/lap-dat-thiet-bi

❖ 将来のビジョン

　建設工事業界において高い評価を受ける専門性を持った企業になることです。例えば、ASMEコードに基づくタンク製造や機械、電気および制御、LNGタンクの設置などの分野において注力していきたいと考えています。日本企業とは長期的に協力関係を築き，お互いに利益をもたらす関係を構築できればと考えています。

問い合わせ先

【社名】LILAMA 18 JOINT STOCK COMPANY
【住所】9-19 Ho Tung Mau Street, Dist. 1, Ho Chi Minh City
【電話番号】(+84) 28. 3829. 8490
【E-mailアドレス】info@lilama18.com.vn; syquynh.ktkt@lilama18.com.vn
【担当者名】Tran Sy Quynh（オーナー）
【WEBアドレス】http://www.lilama18.com.vn

DUONG NHAT INVESTMENT CONSTRUCTION AND ENVIRONMENTAL TECHNOLOGY CO.,LTD

会社概要 ＊＊＊＊＊＊＊＊＊＊＊＊＊＊＊＊＊＊

【社 名】DUONG NHAT INVESTMENT CONSTRUCTION AND ENVIRONMENTAL TECHNOLOGY CO.,LTD

【設立年月日】2004年

【代表者】HOANG NGOC TUNG（オーナー）

【売上（2017年度）】3080億VND

【住所】

本社：No117-119 Nguyen Hong Dao Street, Ward 14, Tan Binh District, Ho Chi Minh City

ハノイ事務所：10F, Ford Thang Long Building, No 105 Lang Ha Street, Dong Da District, Ha Noi

ダナン事務所：No 143 Hai Phong Street, Hai Chau District, Da Nang

カンボジア事務所：No. 132B, Street Lum, Phum Kok Khleang, Sangkat Phnom Penh Thmei, Khan Sen Sok, Phnom Penh Capital, Cambodia

【従業員数】200-300名

設立の背景とビジョン

❖ 創業者の理念・ビジョン

　DUONG NHAT INVESTMENT CONSTRUCTION AND ENVIRONMENTAL TECHNOLOGY CO.,LTDは2004年に設立。15年間にわたり環境テクノロジー、廃水処理、給水についての一流ブランドでありベトナムの大手ゼネコンです。顧客のニーズには最優先で応じる経営理念に従い、同社は豊富な経験だけではなく、先進的で、環境に優しい技術ソリューションを適用する先駆的な会社です。同社はメンテナンスしやすく、コストが安い"SMART AND GREEN"の技術ソリューションを推進しています。

同社の戦略方針

　将来的にはこれまでの市場を維持するのに加え、ベトナム北部およびラオス、カンボジアの近隣諸国への市場拡大を見据え、東南アジアの大規模な環境テクノロジーのEPCのゼネコンになることを目指しています。

自社の強み

❖ 他社と比較しての強み

　Duong Nhatブランドを生み出した強み

- 経験能力：17業種の廃水処理について成功しました。同社は国内外の大きな企業プロジェクトに携わっています。特にHeineken, Carlsberg, ABInBev, Sabeco, Coca‐Cola, Suntory Pepsico, Nestle, Vietnam‐VRG Rubber Industry Corporation, Trung Nguyen, C.P. Group, Royal Foods, Thai Unionsなど、技術の基準に関する厳しい要件のある海外の大手多国籍企業およびVSIP, Amata, Protrade, Becamex, KCX Linh Trung; Phuoc Dong Sai Gon VRG, Tan Binh, Nam Tan Uyenなど、国内の多くの工業団です。
- 豊富な人材：200人以上の修士、建設・電機・機械のエンジニアを擁し、顧客からの要求に応じるため、400人の専門家の支援を受けています。
- 2015年、2016年、2017年の3年の平均年収は3千億ドン/年以上。強固な財源を持ち、与信限度額が5千億ドン/年なので、同社は様々な投資方法を展開できます。

❖ サービスの差別化について

- 同社は企画、設計、工事、設備、電気の設定、試運用、運用の説明、検査、譲渡、保証、メンテナンスまでを含む安心パッケージ・サービスを提供します。
- オペレーション＆メンテナンス・サービス (O&M)
- ＢＴ、ＢＯＴ、ＢＯＯなど、様々な投資をすることができます。特に同社が自己資金で建設し、運用できれば投資家に譲り渡すＢＴ形態は、強力な技術力、優秀なスタッフ、プロジェクト・マネジメント力と財務能力があるからできることです。
- 顧客が要求する工事進捗を厳しく管理し、品質を確保するため外注先を利用せずに、調査、工事、設置、運用、説明、技術譲渡、保証、メンテナンスまで全て同社が行います。

実績

❖ これまでの建設実績

1. 品質管理システム

　同社は国際基準管理システムの展開および適用をする先駆的な建設会社です。2013年、同社は国際基準ISO9001認証を取得いたしました。

2. 受賞歴

- 2018年に同社は最も権威のある2つの賞を受賞しました。
- Hoang Ngoc Tung － 2018年　第10回ホーチミンの優秀な若手経営者賞（ホーチミンの経営者団体の成績および社会に貢献することを認めるホーチミン共産青年同盟とホーチミンの若手経営者協会）
- 2年連続でSao Vang Dat Viet賞：2015年と2018年（国際経済に統合におけるベトナムの企業およびベトナムブランドを認める首相がホーチミン共産青年同盟とベトナム若手経営者協会に渡した賞）

URL: http://duongnhat.com.vn

問い合わせ先

【社名】 DUONG NHAT INVESTMENT CONSTRUCTION AND ENVIRONMENTAL TECHNOLOGY CO.,LTD
【住所】 No.117-119 Nguyen Hong Dao Street, Ward 14, Tan Binh District, Ho Chi Minh City
【電話番号】 +84 28 3949 1964
【E-mailアドレス】 mail@duongnhat.com.vn
【担当者名】 Hoang Ngoc Tung（オーナー）, 携帯番号 +84 903 68 68 17
【WEBアドレス】 https://www.duongnhat.com.vn
【Fanpage】 https://www.facebook.com/duongnhat.com.vn/
【Youtube】 DUONG NHAT OFFICIAL

SA KI SERVICE TRADING PRODUCTION CORPORATION

会社概要　＊＊＊＊＊＊＊＊＊＊＊＊＊＊＊＊＊＊

【社 名】SA KI SERVICE TRADING
　　　　　PRODUCTION CORPORATION
【設立年月日】2003年8月21日
【資本金】450億VND
【代表者】DAN DINH LUONG
【売上 (2018年度)】800億VND
【住所】473 DIEN BIEN PHU, WARD 25,
　　　　BINH THANH DISTRICT, HCMC
【従業員数】500名

設立の背景とビジョン

❖ 設立にいたるまで

　SA KI SERVICE TRADING PRODUCTION CORPORATIONは2003年に設立されました。同社の主な営業活動は、国内外の建設工事に国際基準に合致した高品質アルミ合金材料型枠（Copphaアルミ）・足場などの製品を提供し、運営のための金融リース・サービスを提供することです。100,000平方メートルの工場と専門知識、スキル、熱意を持っている50名のスタッフのおかげで、同社は国内市場と輸出市場に足場の8万トン、アルミ合金材料型枠の100万平方メートル、鋼管の10万トンなどを提供できます。同社の製品はクローズドシステムで管理します。高度な技術で製造され、国際品質管理基準ISO 9001:2015認証を取得しています。さらに、国際品質基準資格のBS1139, OSHA, EN, JISなどを取得するため、同社は国内外の品質管理機関の定期的な品質テストも受けています。

❖ 創業者の理念・ビジョン

　最適な実施方法の提供・あらゆる建設工事の安全の保証

使命

最適な実施方法の提供・あらゆる建設工事の安全の保証

方針

同社は、東南アジアのナンバー1ブランド、アジアン・トップ10社を目指しています。

会社文化

設立から現在までの長い時間の流れを通じて、「願望・創造・熱意」という3つの理念が同社の価値となりました。同社取締役会が徐々に会社組織を組み立て、長期的な発展を目指しています。15年間に、同社は3つの子会社を創りました。建設ソリューション有限責任会社、Binh Duong支店・SAKI有限責任会社、Binh PhuocSAKI材木有限責任会社です。

自社の強み

❖ 他社と比較しての強み

工業規模生産、国際品質基準に合致した高品質製品、国内外の建設工事を提供します。ゼネコンのニーズに対応でき、ベトナム全国で同社がメンテナンス技術と金融リース・サービスを提供しています。同社の製品に関しては、Bao Minh (バオ・ミン)保険会社に300億ドンの製品責任保険パッケージ保険をかけています。15年間の経験を持つ同社の製品は、HOA BINH Corp.、COTECCONS Group、PHUC HUNG Holdings、DINCO、VINACONEX、CC1、…JV KTOM（Kajima,Taisei,Obayashi,Mitsui）、DOSAN Industrial、POSCO E&Cなど、国内外の有名なゼネコンの信頼を獲得し、数千の大きな建設プロジェクトに使用されています。コミュニティに貢献するために、同社は全力で各ゼネコンと協力し、高品質の工事、組立、製品、サービスを提供します。

❖ サービスの差別化について

-クローズド・システムで、ISO 9001:2015基準を満たし、自動ロボットを使って、製品を生産

-国際品質基準資格のBS1139,OSHA,EN,JISなどを取得
-Bao Minh (バオ・ミン)保険会社に最高300億ドンの製品責任保険パッケージ

同社の目標

企業経営の改善

信頼できるスタッフを通じて、責任ある行動で顧客からの信頼を得る

社是

成長し続ける

生きている環境・顧客に感謝

自信ある製品のみを販売

誠実で正直な言動

長期的な戦略と効率のバランス

多様性と公平さで勝つ

相互の尊重、相互の成功

実績

❖ これまでの建設実績

下記参照

https://www.sakicompany.com/du-an.html

❖ 今後のビジョン

当社は東南アジアで業界トップのブランド価値の確立、アジアにおけるトップ10の開発会社を目指しています。

問い合わせ先

【社名】SA KI SERVICE TRADING PRODUCTION CORPORATION
【住所】473 DIEN BIEN PHU, WARD 25, BINH THANH DISTRICT, HCMC
【電話番号】+84 28 363 62 489
【E-mailアドレス】sale@sakicompany.com
【担当者名】Lai Thi Hong Van
【WEBアドレス】https://www.sakicompany.com

AIRTECH® THE LONG
The Long Airtech Joint Stock Company

会社概要 ＊＊＊＊＊＊＊＊＊＊＊＊＊＊＊＊＊＊＊＊＊

【社 名】The Long Airtech Joint Stock Company
【設立年月日】2007年3月13日
【資本金】1200億VND
【代表者】Mr Nguyen Khac Long
【売上 (2018年度)】200億VND以上
【住所】No.144 Viet Hung Street, Group 3, Viet Hung
　　　　Ward, Long Bien District, Hanoi
【工場】Vsip Hai Duong工業団地, Cam Dien
　　　　Commune, Cam Giang, Hai Duong Province
【従業員数】120名

設立の背景とビジョン

❖ 設立にいたるまで

会社創立の背景：

　The Long Airtech Joint Stock Companyは製造および機械加工を専門とし、工業団地、病院および各工場にサービスを提供するためのクリーンルームの分野における機器の製造を行っています。

使命：

- 財務の透明性、専門的組織および生産技術に基づいて、投資家およびパートナーによる持続可能な投資価値を創造し維持します。
- 誠実で公正な運営の方針に基づいて、所有者、従業員、パートナーおよびコミュニティの基本的な利益を調和させます。
- プロフェッショナルな環境の中で、常に倫理、職業、モダンな働き方のスタッフチームを築きます。

目標：

- 高度な技術プロジェクトを使用し核心的な生産工程を生み出します。補助工程

は全てアウトソーシングし、効率化を図ります。
- 製造、投資、建設、貿易の4つのブランドを持つ事業を展開して企業を構築しています。

❖ 創業者の理念・ビジョン

　クリーンルーム機器製品製造販売における代表企業になること。同社を生産技術の専門的で強力な組織と先進的な組織に徐々に改革していきます。全社員、全パートナー企業の組織化と発展に参加し、一歩一歩積み重ねてお互いを支える企業グループを形成します。

自社の強み

　当社の強みは各産業の分野(健康、食品、電子機器など)のクリーンルーム建設において基準以上の高い品質のサービスを提供できることです。クリーンルーム機器の高い生産能力とノウハウがあるため、顧客のニーズに応える柔軟で多様な製品・サービスを提供しています。

　生産効率と品質を向上させる目的で、最先端技術を駆使した高度なサプライチェーンと生産ラインを保有しています。R&D部門は常に創造性を高めて、より改善に努めています。製品供給の市場シェアはベトナムおよび海外（ラオス、インド、その他）です。最新の大容量システム（高効率生産ラインの機械加工システム）を持っているのも強みのひとつです。当社は8カ国(日本、韓国、中国、台湾、シンガポール、ドイツ、インド、ベトナム）のメンバーを含む多国籍企業として運営されています。

実績

❖ これまでの建設実績

1. Hai Duong Vsip工業団地（Hai Duong Province, Cam Giang District, Cam Dien Commune）に200億ドン以上の医療機器と洗浄技術を生産する工場を建設
2. 20億ドンの規模のクリーンルームの建設
3. 30億規模の手術室設備の建設および医療機器の提供

URL：https://thelong.com.vn/cong-trinh-tieu-bieu

❖ 今後のビジョン

・Airtech The Longブランドを確立し、製品の品質と技術を継続的に改善していきます。
・国内外のクリーン空気技術ソリューションのリーディングカンパニーになることを目指しています。
・グローバルサポートおよびサプライチェーンを支え続けるサービスを提供します。

❖ 日本の会社へのメッセージ

・当社は日本企業と協力して、ベトナム、日本、その他の国で主要なプロジェクトを実施したいと考えています。例えば、健康（医療）、電子機器、食品の分野でのクリーンルーム建設や板金およびフィルタープレートの製造と加工などで協業できればと考えています。

問い合わせ先

【社名】The Long Airtech Joint Stock Company
【住所】No.144 Viet Hung Street, Group 3, Viet Hung Ward, Long Bien District, Hanoi
【電話番号】(+84) 24-3873-7717
【E-mailアドレス】nhansu@thelong.com.vn
【担当者名】Duong Dinh Ninh
【WEBアドレス】https://thelong.com.vn

DUONG LUAN CONSTRUCTION COMPANY LIMITED

会社概要 ＊＊＊＊＊＊＊＊＊＊＊＊＊＊＊＊＊＊＊＊＊＊＊＊＊＊＊＊＊

【社名】DUONG LUAN CONSTRUCTION COMPANY LIMITED
【設立年月日】2006年8月5日
【資本金】10,000,000,000 VND
【代表者】Duong Dinh Luan
【売上（2018年度）】10,000,000,000VND
【住所】440/43 Nguyen Khiem Street, 3 Ward, Phu Nhuan District, Ho Chi Minh City
【従業員数】200名

自社の強み

❖ 自社の強み

　Duong Luan Construction Co.、Ltd（DL）は2006年に設立されました。10年以上の建設実績により、ベトナム国内で高く評価されています。

　同社はFallprotec（ドイツ）と独占契約を締結する唯一の会社であり、建物や工場の屋根におけるロープ作業システムのメンテナンスおよびロープ設置作業を提供しています。

　強みは安全訓練センターを保有していることです。建設分野における高度な専門知識を維持し続けるため、エンジニアおよび従業員のチームのための内部トレーニングだけでなく、当社の顧客であるShindler、Jotun、Akzonobelなどのベトナム市場で信用の高い各社にも安全トレーニングのコースを実施しています。

　現在まで「IRATAロープアクセストレーニングコース」開催の許可を受けるベトナム初の雄一の企業で、オフショアに参加する石油およびガスサービスに関連する請負業者へのロープアクセススキル分野で注目されています（同トレーニングコースはIRATA協会によって発行された、世界的に価値のある資格です）。

　ほかの企業にはない強みを持つためのこの取り組みの結果、Duong Luan社

は建設およびトレーニング分野では、顧客、パートナー、投資家への信頼を獲得し、ますますブランド価値を高めています。

当社は、現在では高いスペースと限られたスペースで救助活動を実施することのできる唯一の会社です。 P&G、Intel、Pepsi、Cocacola、Shinryo Vietnamなどの多国籍企業に対してのロープ作業教育、トレーニングを行い、レスキューチームサービスを提供しています。

❖ 将来のビジョン

今後、3年間において陸上建設のメンテナンスにおけるロープアクセス／IRATAの適用でベトナムのリーディングカンパニーを目指します。IRATAロープアクセスのトレーニングもベトナムのナンバー1の訓練センターとして活動を行っていく予定です。

高所作業に取り組むにあたり、作業に携わるチームは安全性を理解して作業ができるよう、基礎から専門的なトレーニングを行う必要性があることから安全訓練センターが誕生しました。したがって、私たちはドイツの大手企業であるFallprotecを代表して、ベトナム市場ににおいてanchor point, lifeline, BMU, Davit arm, safe accessなどに対して安全なソリューションを提供しています。

ベトナムの建設物件は近年では大規模化していますが、一般の安全業務はベトナム人にとってまだ馴染みのないものです。特にロープアクセススイング業務は石油掘削オフショア産業以外のベトナムの多くの人々に認知はされていません。そのような中で、弊社は以下のような目標を掲げています。

①陸上建設(onshore)における業務においてロープアクセスをより多くの人々に知ってもらい、普及させていく。ベトナムにおけるロープアクセス協会を設立する予定です。

②日本への研修生に対してはロープアクセスまたはIRATAの訓練を行い、建物表面の保守作業また東京2020オリンピックのため建設物保守作業を行うことができるよう訓練を行います。そうすると、日本では再訓練を必要とせず、すぐに仕事ができるようになります。

　　特にIRATAのような国際的価値のあるプログラムについては、ベトナムと日本のトレーニングプログラムを同じように作成できる点がメリットです。さらに当社にはIRATAの認定を受けたチームがおります。高層ビル、スタジアム、競技場などのメンテナンスオーダーを受けて作業実施に対応しています。

　　東京2020オリンピックまたはクエート・ワールドカップ2022のメンテナンスプロジェクトに参加できる能力があると自負しています。

❖ どのようなプロジェクトにかかわっていきたいか？
当社は次のようなプロジェクトに参加可能です。
・技能実習生に対してのロープアクセスまたはIRATAプログラムによりトレーニングし、メンテナンスとロープ作業に秀でた技能実習生を日本市場に提供していく
・技能実習生への高度な要求に対応するため建設作業員の訓練を行う
・建設現場に足場を設置するトレーニング

また、建設施工に関して次のようなプロジェクトに参加できます。

・風力発電タワーのメンテナンス
・高層ビルの壁面ガラスの清掃・メンテナンス
・斜張橋のメンテナンス
・アンテナ／テレビ／通信工事のメンテナンス
・スタジアム／競技場/スポーツ施設の屋根のメンテナンス

❖ 日本企業へのメッセージ

　当社は日本における高層ビルのメンテナンスや競技場などの建物のメンテナンス作業において、日本で再トレーニングの必要のない人材を保有しています。日本へ送出する技能実習生にも世界的に有名な国際基準レベルのIRATAトレーニングプログラムを提供できる唯一の企業といえます。スタジアム、競技場などの建設プロジェクトのメンテナンス業務などで日本企業と長く取引していきたいと考えています。

問い合わせ先

【社名】DUONG LUAN CONSTRUCTION COMPANY LIMITED
【住所】440/43 Nguyen Khiem Street, 3 Ward, Phu Nhuan District, Ho Chi Minh City
【電話番号】+84.28.3995.1699 / +84 903 772 042
【E-mailアドレス】info@duongluan.vn / luanduongdinh@gmail.com
【担当者名】Duong Dinh Luan
【WEBアドレス】https://www.duongluan.vn

SAGEN CONSTRUCTIVE DESIGN CONSULTANCY JOINT STOCK COMPANY

会社概要　＊＊＊＊＊＊＊＊＊＊＊＊＊＊＊＊＊

【社名】SAGEN CONSTRUCTIVE DESIGN
　　　　CONSULTANCY JOINT STOCK COMPANY
【設立年月日】2003年
【資本金】10,000,000,000VND
【代表者】NGUYEN THANH TAN（社長）
【売上（2018年度）】45,000,000,000VND
【住所】38 LAM SON, 6 WARD, BINH THANH
　　　　DISTRICT, HO CHI MINH CITY
【従業員数】80名

設立の背景とビジョン

❖ 設立にいたるまで

　SAGEN CONSTRUCTIVE DESIGN CONSULTANCY JOINT STOCK COMPANYは、ホーチミン産業省の許可を得て1992年9月に設立されました。同社は当初、SAGEN株式会社の下で建設設計コンサルタントセンターとして知られていました。2003年に同社は分社し、2007年に正式にSAGENと命名されました。同社は、官民両方の分野で実績があり、主に製薬と食品工場の設計を手がけています。従業員が一丸となり多くの困難を解決してきました。2008～2013年、世界金融危機の影響を受け、ベトナムではインフレーション率が高騰し、不動産市場は困難を極めました。特に建築設計コンサルタント会社は、この困難な時代に生き残るために厳しい競争にさらされました。リーダーの能力と経験、適切な施策により、同社は徐々に困難を克服しただけでなく、ベトナムでも著名なデザイン・コンサルタント会社に成長しました。

❖ 創業者の理念・ビジョン

　同社の経営理念は以下の3つです。

1. 知:

　創造性を高め、大胆に考え、新しい科学的、技術的および先進的な生産管理を探求します。常に積極的に製品やサービスの品質を向上させます。

2. 心:

　友好的で協力的な職場環境を築き、スタッフ全員が能力を発揮し、共通の目標に向かってまい進する仕組みをつくります。顧客を尊重し、顧客のニーズを第一に考え、顧客満足度を高めます。

3. ビジョン:

　ビジネスレベルの向上を図るため、国内外の大手コンサルタントや建築業者との連携を拡大します。

SAGENビジネスビジョンを定義する：

1.　GMP、WHO、PICS、EU、HACCPの基準により、医薬品 - 食品 - 化粧品業界で第1位のデザイン・コンサルタント企業になることを目指します。
2.　ベトナムのトップ10の建設デザイン・コンサルティング会社を維持し、ブランドを確立できるように努力します。

自社の強み

❖ 他社と比較しての強み

　15年以上の経営を通して、同社は常に専門性の向上、標準化に努めています。同時に多角的なサービス分野も重視しています。若く熱心なスタッフと共に、同社は常に前進し、顧客に高品質のデザイン・製品・サービスを提供します。顧客の期待に応える製品を提供することに加え、契約期間中だけでなく、契約完了後も同社は常に良い関係を築き、ロイヤルカスタマーを創造することを心がけています。その結果、リピーターや前向きの口コミが増えてきました。

　他のコンサルティング会社と比較して、同社は食品医薬品業界というニッチな分野でハイテクを駆使したデザイン・コンサルティングを行うという強みを持っています。また、ぶれない指針と戦略的ビジョンを持つ取締役陣の判断が、ベトナムのデザイン・コンサルタント業において、同社を立ち上げ当初からこの分野のリーディング企業へと導きました。

❖ サービスの差別化について

　同社は、企画、地形 - 地質調査、基本設計、投資プロジェクト準備、技術設計、建設許可を通した、フルサービスパッケージを提供できます。「世界トップクラスの品質、適正価格の提供」の方針と共にプロジェクトを迅速に進め、高品質のデザインを確保し、変更の必要があるときには柔軟に対処します。

❖ 将来のビジョン

　当社の夢は、アジアのトップ10のデザイン・コンサルタント企業として認知されることです。20階建て以上の製薬会社、食品会社などの高層建築プロジェクトにおけるデザイン・コンサルタント市場をリードし続け、投資家向けの「グリーンビルディング」の実現に尽力します。

❖ 日本企業へのメッセージ

　当社はベトナム大手企業や外国パートナーから高い信頼を受けており、以下の分野で多くの国内外プロジェクトを推進しています。
- ・計画設計、土木および産業プロジェクトの設計、技術インフラ
- ・プロジェクト管理、建設監督
- ・格建設プロジェクト総費用と詳細費用の見積書作成
- ・工事建設に関する投資プロジェクトの推進
- ・入札コンサルタント、設計と総コストの検証
- ・建設調査：地形および地質調査
- ・建設許可取得

設立以来、当社は常にお客様の利益を第一に考え、プロジェクトの品質・進捗・効率に対し、常にコミットしています。全国200を超える代表的な土木プロジェク

ト、設計コンサルタント実績の強みを生かし、サービスパッケージによる実装の迅速な進捗と効果的なプロジェクト管理、コンサルティングソリューションを提供します。品質とプロフェッショナルをモットーに、最適かつ効果的なデザインと施工方法を提示します。今後のプロジェクトにおいて日本企業と協力関係を構築できることを望みます。当社を選んでいただければ、必ずその期待に応えます。

実績

❖ 今までの建設実績

URL: http://www.sagen.com.vn/en/du-an/category/cao-oc-van-phong/

　同社は国内外の大手企業から信頼される企業です。ベトナムの電力会社、Samco、Fico、FPT、モバイルワールド、BIDV、Vingroup、ThienTan Group、Union Square、Tanimex、Cityland、Danapha、Hau Giang Pharma、Traphaco、Bidipha、AFI、Kido、Masan、Panfood、Bibica、Nutifoodが同社の顧客です。250件以上のプロジェクトを成功に導きました。そのうち50件以上はアパート、オフィス、ホテル、学校のプロジェクトであり、70件以上はGMP、WHO、EU、PIC／S、HACCPに準拠した医薬品、食品工場のプロジェクトでした。このような実績があり、同社は、専門家から高く評価され、以下のような素晴らしい賞を受賞しました。
-2015 & 2016年度ベトナムのトップ10のBCI建築デザイン会社
-2015年度ベトナムのトップブランド - TOP BRANDS 2015
-2018年度最高の建築設計会社2018年 - ドットプロパティ - Dot Property 2018.
-2018年度ASEANの強いブランド

問い合わせ先

【社名】SAGEN CONSTRUCTIVE DESIGN CONSULTANCY JOINT STOCK COMPANY
【住所】38 LAM SON, 6 WARD, BINH THANH DISTRICT, HO CHI MINH CITY
【電話番号】+84.28.3510 9900 – 3510 9955
【E-mailアドレス】Sagen@sagen.com.vn
【担当者名】TRAN HUU UY（副社長）
【WEBアドレス】http://www.sagen.com.vn

VCC Engineering Consultants Joint Stock Company

EST 1969

会社概要 ＊＊＊＊＊＊＊＊＊＊＊＊＊＊＊＊＊＊＊＊

【社名】VCC Engineering Consultants Joint Stock
　　　　Company
【設立年月日】1969年
【資本金】—
【代表者】TRAN HUY ANH
【売上 (2018年度)】—
【住所】FLOOR 8-11 - OFFICE BUILDING - NO. 10 HOA
　　　　LU STREET - LE DAI HANH WARD - HANOI
【従業員数】350名

設立の背景とビジョン

❖ 設立にいたるまで

　1960年代後半、戦後の国家再建と平和のため、産業を構築していくことに注力。1969年10月9日、Do Muoi（ドー・ムオイ）副首相は、No. 201 / CPに署名し、建築農業デザイン研究所の設立を決定しました（ベトナム工業・都市建設コンサルタント株式会社のファーストネーム、略語：ＶＣＣ）。そのため、1969年10月9日が同社の設立日です。過去45年間、国の発展とともに、同社は建築農業デザイン研究所(1969-1974)、工業建設研究所(1974-1991)、工業建設・都市研究所(1992)と社名を変えました。1993年以来、ベトナム工業・都市建設コンサルタント株式会社となっています。同社は現在、300名以上の従業員を擁し、そのほとんどが大学もしくは大学院卒です。同社の従業員は豊富な経験を持ち、国の科学技術委員や国家の重要な工事受入委員会のメンバーになっている人もいます。

❖ 創業者の理念・ビジョン

　同社の目標は、国内外の建設コンサルタント分野でベトナムのリーディングカンパニーになることです。以下のモットーに基づき活動しています。
「高品質はブランド」

自社の強み

❖ 他社と比較しての強み

　コンサルタントの質は、地域および国際標準に合致するように、日々改善されています。現在、同社の品質管理システムは、BVQIおよびUKASが認めているISO 9001-2000規格に準拠しています。都市コンサルタント・建設分野も、同社の強みです。1996年から、都市開発投資に関して新しい視点を持つようになり、同社は政府－投資家－地域社会のすべてに利益をもたらす方向で投資アドバイスを提供してきました。初めはCat Bi空港の交差点（ハイフォン）とHang Dieuの新都市部（ブンタウ）などです。

❖ サービスの差別化について

　上記のモットーを効果的に実行するために同社は、最高品質の製品を製造できるように努力しています。同社は、ISO9001-2008に準拠した品質管理システムの基準を厳格に遵守し、熟練技術者の育成、職場環境と設備の継続的な改善に取り組んでいます。顧客の厳しいニーズを満たします。

実績

❖ これまでの建設実績

http://vcc.com.vn/projects
- 3つの1級・2級・3級労働旗勲章 (1994、1986、1981)
- 1979年と1980年に首相からの2つの賞状

-建設省、ベトナム建設連合、ハノイ人民委員会、内務省、安全保障総局－内務省の33枚の功績証明書
-建設省、ベトナム建設産業省、ベトナム女性連合、文化省から5つの優れたエミュレーションフラグ
- 1999年の3級独立メダル
- 2004年の2級独立メダル
- 1999年の中央経済調査庁の賞状
- 2000年、同社はイノベーション時期の建築部のエミュレーションフラグと建築業のエミュレーションフラグを授与されました。
- 政府は同社の7名に1級・2級・3級の反米抵抗の勲章と27の1級・2級の反米抵抗の記章を付与しました。

　さらに、同社の多くの従業員とユニットは、建築関連記章、同等レベルのエミュレーション賞状、大衆文化活動で金、銀、ダイナミックメダルなど、様々な賞も受賞しました。

問い合わせ先

【社名】VCC Engineering Consultants Joint Stock Company
【住所】FLOOR 8-11 - OFFICE BUILDING - NO. 10 HOA LU STREET - LE DAI HANH WARD - HANOI
【電話番号】+84 28 3976 1784
【E-mailアドレス】maidoanvcc@gmail.com
【担当者名】MAI DOAN
【WEBアドレス】http://vcc.com.vn

Khang Duc Investment and Construction Joint Stock Company

KHANG DUC

会社概要 ＊＊＊＊＊＊＊＊＊＊＊＊＊＊＊＊＊＊＊＊

【社名】Khang Duc Investment and
　　　　Construction Joint Stock Company
【設立年月日】2013年7月23日
【資本金】600億VND
【代表者】NGUYEN VAN TAN
【売上（2018年度）】1588億5059万4646 VND
【住所】SAV8-06.03 The Sun Avenue, 28
　　　　Mai Chi Tho St, An Phu Ward, Dist2,
　　　　HCMC
【従業員数】178名以上

設立の背景とビジョン

❖ 設立にいたるまで

　ベトナムは特にインフラストラクチャーの面で発展途上であり、政府からの投資誘致により日本、韓国、中国、アメリカ、シンガポールなど、多くの外国企業がベトナムに投資しています。特に、建設分野および海港、堤防、掘削などの分野への投資が盛んです。2008年バリアヴンタウのテーバイ港湾クラスターのコンテナ港と一般港システムに多額の投資が行われました。その年、建設分野の仕事と建設請負業者の需要が多かったため、この機会に市場経験を学びながら、理論と実践のスキルを向上させるため、2008年にクーアンドゥック有限会社を設立しました。もともと日本の建設会社の重役だったエンジニアが、現在、Khang Duc Investment and Construction JSCの管理チームを務めています。これまでに培った経験や熱意・適正な工事方法・コンパクトな管理・高品質と適切な進捗を重視し、特に安全を最優先事項としている同社は顧客に信用され、ますます成長しています。しかし、会社の規模が小さく、直接入札に参加できず、大きなプロジェクトを受けられなかったので、規模拡大の資本を調達するために、2013年に同社

DƯ ÁN ANA MARINA NHA TRAN

を設立しました。

❖ 創業者の理念・ビジョン

　理念：安全・品質・進捗が持続可能な発展の基盤となる。

　ビジョン：ベトナム全土における信用と良質なインフラストラクチャー建設会社のトップになることを目指しています。

自社の強み

❖ 他社と比較しての強み

　主な強みは海港・堤防・事前網・工場のインフラストラクチャー・工業団地の建設に特化しているので、外部から設備を借りずに同社所有の設備だけで工事ができます。そのため同社は仕事をリードして進めることができます。さらに、最もシンプルな建設方法を提案するために、経験豊富で、クリエイティブな同社のエンジニアチームは、常に新しいアイデアを考え、積極的に改善に取り組んでいます。同社はプロジェクトの大小にかかわらず資金のバランスを良くするため、積極的に建設資金を調整することができます。

❖ サービスの差別化について

　安全、品質、進捗を確保しながら利用できる設備に基づいて建設方法を単純化する。

実績

❖ これまでの建設実績

　カイメップチーバイ, ニーソン 製油所港、アナマリーナ国際クルーズターミナル、シアヌークビルカンボジアジェネラルポート、ビンタン火力発電プロジェクト、第3ズエンハイ火力発電、第2ズエンハイ火力発電、ドンナイにおけるSMC工場、クアンナムダナンサントリーペプシコ工場、フーミニトリ家具工場、ビンズオンCLK冷蔵倉庫

URL: http://khangducconst.com/vi/du-an/

❖ 他社との差別化

　弊社は、適切な専門知識と外国パートナーとの長年の業務経験があります。常にすべてのスタッフの業務に対して進化と創造性の精神を奨励し、改善することに尽力しています。

　当社はISO 9001：2015に準拠した品質管理システムを実装(実施)しています。ISO 14001：2015に準拠した環境管理システムも実装(実施)しています。さらにISO 45001：2018に準拠した労働安全衛生についても導入しています。

　過去10年間、主要な外国パートナーとの建設プロジェクトに参加してきました。税務、労働法、建設法など業務分野に関連するすべての法律および規制を厳格に順守しています。

同時に建設分野の国際的な法的規制についても精通していることが優位点といえます。

❖ スタッフに求めるスキル

当社は風力発電所、港湾堤防、内陸岸壁、水槽など沿岸沿いのインフラ建設に実績を持っています。今後もそのようなプロジェクトに積極的に関わっていきたいと考えています。

また、当社のスタッフに必要なスキルは次のとおりです。

- ・規律
- ・優れた専門知識
- ・優れた英語力
- ・チームワーク

特にエンジニアは、実施するプロジェクトに関する世界的な標準技術を理解する必要があります。

❖ 日本企業へのメッセージ

日本企業とは事業協力の形でも良いですし、合弁会社を設立し、共同事業として推進するのもよいかと思います。当社は風力発電所、港湾堤防、貯水タンク、地下基礎など適切なEPC契約を締結したいと考えています。

問い合わせ先

【社名】Khang Duc Investment and Construction Joint Stock Company
【住所】SAV8-06.03 The Sun Avenue, 28 Mai Chi Tho St, An Phu Ward, Dist2, HCMC
【電話番号】(+84) 28.6656.5454 – (+84) 28.7300.7678
【E-mailアドレス】info@khangducconst.com
【担当者名】Nguyen Van Tan
【WEBアドレス】http://khangducconst.com

POWER ENGINEERING CONSULTING JOINT STOCK COMPANY 1

会社概要 ＊＊＊＊＊＊＊＊＊＊＊＊＊＊＊＊＊＊

【社 名】POWER ENGINEERING CONSULTING
　　　　　JOINT STOCK COMPANY 1
【設立年月日】1967年5月29日
【資本金】266,913,190,000VND
【代表者】PHAM NGUYEN HUNG
【売上 (2018年度)】655,987,511,813 VND
【住所】Km 9+200 Nguyen Trai, Thanh Xuan
　　　　Nam, Thanh Xuan district, Hanoi
【従業員数】761名

設立の背景とビジョン

❖ 設立にいたるまで

　1960年には、全国に7つの発電所ができ、総容量は100MW。古い発電施設の修復とともに、多くの新しい発電所が建設され、稼働し始めました。この重要な第一歩によって、ベトナムの電力産業が国の建設事業の基盤となりました。1967年5月29日に電気設計研究所が設立され、電気工事の調査と設計作業を開始しました。これは、今日のパワーエンジニアリングコンサルティング合資会社1(PECC1)の前身です。

❖ 創業者の理念・ビジョン

　同社の理念は創造と責任と有効性です。同社は、ベトナムとアセアンにおけるエネルギー、産業、インフラストラクチャー分野で、専門的で信頼できるコンサルティング会社になるためにイノベーションへの取り組みを行っています。
ミッション：
＊顧客に対して– 有能で創造的なコンサルタントチームによって顧客に効果的な
　解決策をもたらし、エネルギー部門と国の持続可能な開発に貢献します。
＊社員に対して-能力と貢献に見合った報酬を提供し、従業員に公正な昇進の機会

を提供します。

＊株主に対して-持続可能な開発戦略による株主のための投資価値の向上を目指します。

自社の強み

❖ 他社と比較しての強み

　ベトナム人によって最初に設計された発電所は、同社によるものです。

・500kV南北ライン回路1
・最初の500kV変電所：Hoa Binh、Ha Tinh、Nho Quan、Thuong Tin
・水柱が最長の水力発電・最長トンネル：Thuong Kon Tum水力発電所
・最大のRCCローラー圧縮コンクリートダム：水力発電所
・最初のCFRDコンクリートダム：Tuyen Quang水力発電所

　同社は水力発電所で最初の国内設計コンサルタントとして地下発電所を設計した企業です。

　ベトナム人によって最初に設計された中核石砕石ダム：Ialy発電所

　Son La水力発電のためのベトナムで最初の地下GISステーション

　Turtles Bin Gao初シャフトスタンド：水力発電Aグリッド

・過去何年にもわたり同社は、自動著作権、電気系統の計算、水力計算など、80以上のコンピュータによる計算・設計ソフトウェアの著作権を適用し、水力発電河川システム、地盤工学、水力計算、建設構造、測地作業および行政管理を行いました。

❖ サービスの差別化について

　小さなイニシアチブからプロジェクト全体に至るまで、同社の個々のスタッフの創造性とチームワークによって成功に導きます。60年以上にわたり多くの実績を生み出し、同社は社会と経済の発展に貢献してきました。特に専門的な技術を身につけたスタッフが、ベトナムの電力産業の良い伝統を維持し、促進し続けます。同社は大学と大学院の学位を持つ600人近くのエンジニア、経験豊富な従業員チームと若いエンジニアを擁しています。同社スタッフは高い専門知識を持ち、創造的で、国内外のプロジェクトの経験から革新的な取り組みを積極的に適用し、常に国際的に著名な企業の上級デザインを学びます。同社は、国の建設と開発のため

の電源をタイムリーに提供しています。

実績

❖ これまでの建設実績

参照：http://www.pecc1.com.vn/c2/du-an-c/Du-an-tieu-bieu-1.aspx

同社の高品質を証明した案件は以下です。

2001年、Se San 3水力発電所で重力コンクリートダム（CVC）Dmax 150の技術を使用

2003年には、Tuyen Quang水力発電所のコンクリート表面にコンクリートダムを施工したことにより、2年前に操業が開始され、数千億VNDの建設コスト削減

2005年には、Son La水力発電所プロジェクトにローラー圧縮コンクリート技術RCCを適用し、プロジェクトは計画より3年早く完成しました。2016年、同社は、ライチャウ水力発電所の設計コンサルタントにより、アジア建設調整協議会の「典型的プロジェクト」賞を受賞しました。

2018年、国際コンサルティング・エンジニア協会の賞を受賞しました。これは国内デザイン・コンサルタントによる最初の受賞です。これは、より良い生活を生み出すために経済と地域社会に大きく貢献するプロジェクトを称える賞です。

2019年、同社は、シンガポールの多くの国際機関が主催するASIAN国際経済フォーラムで、「アジアで最も信頼されるブランド・トップ100」に入賞しました。

❖ 今後の取り組み

当社の主な活動は、技術サービスおよび電気、灌漑、土木および産業プロジェクトにおける建設、電源装置設置および投資に関するコンサルティングを提供する

ことです。設計コンサルタントとしては建設投資、企画、プロジェクト実施、原子力、環境などの分野に関わっていきたいと考えています。

　＜プロジェクト投資と管理＞

・電源、送電線、変電所建設への投資

・電力の生産による経営の推進

・建設および不動産事業への投資

・建設投資管理

　＜建設＞

・防水掘削、建設基礎処理の強化

・建設および試験作業用のトンネルの掘削

・小規模の水力発電、配電網、土木工事の建設

❖ 日本企業へのメッセージ

　当社と同様の事業分野で活躍する企業との協力を歓迎します。さまざまなご要望やご質問があるかと思いますが、ぜひ弊社へ気軽にお問い合わせください。

問い合わせ先

【社名】POWER ENGINEERING CONSULTING JOINT STOCK COMPANY 1
【住所】Km 9+200 Nguyen Trai, Thanh Xuan Nam, Thanh Xuan district, Hanoi
【電話番号】+84 912770016
【E-mailアドレス】diepvtn@pecc1.com.vn
【担当者名】Le Quang Huy
【WEBアドレス】http://www.pecc1.com.vn

VITEQ VIET NAM TECHNOLOGY JOINT STOCK COMPANY

会社概要 ＊＊＊＊＊＊＊＊＊＊＊＊＊＊＊＊＊＊

【社　名】VITEQ VIET NAM TECHNOLOGY JOINT
　　　　　STOCK COMPANY
【設立年月日】2007年
【資本金】100億VND
【代表者】Tran Ngoc Tien
【売上 (2018年度)】2000億VND
【住所】1/41 LANE 6, TRAN QUOC HOAN STREET,
　　　　CAU GIAY DISTRICT, HA NOI
【従業員数】120名

設立の背景とビジョン

❖ 設立にいたるまで

　VITEQ VIET NAM TECHNOLOGY JOINT STOCK COMPANYの目標は、電気機械工事の入札・保守サービス・機材提供・ベトナムの工場にソリューションを提供する主要企業の1つになることです。同社は、信頼を第一にし、商品の品質を重視しています。同社は大規模プロジェクトの厳しい要求を満たせるようになりました。低価格で製品・サービスを提供し、顧客にとって最も効率的なソリューションを提供できる会社だと断言できます。同社はパートナー、顧客、従業員の協力関係を歓迎しています。

❖ 創業者の理念・ビジョン

使命：優れた製品とサービスおよびソリューションを提供することにより、顧客
　　　に最も有用な価値を提供します。また、スタッフが経験を積み、成長でき
　　　る職場環境を提供します。
ビジョン：2020年以降に、電気機械の請負業者・サービス・技術貿易分野で一流
　　　　　企業になることを目指します。
コア・バリュー：「心」、「信」、「人」
心：「心」という文字を大切にし、倫理観を第一に考えていきます。

信：同社はリソースと力の限り、あらゆる状況で顧客とパートナーとの約束を守ります。

人：顧客・パートナーと協力する際、同社は常に信頼を最優先にします。

自社の強み

❖ 他社と比較しての強み

　顧客とパートナーから100％の信頼をされていることが同社の強みです。間接費用を削減しながら、英米の技術基準を満たす工事を行います。経験豊富なメンテナンスチームはアフターケア、カスタマーケアの高いスキルがあり、顧客のニーズの変化に柔軟に対応し、顧客に安心感をもたらすことができます。

❖ サービスの差別化について

　管理システムとサービス品質の改善に継続的に取り組んだ結果、2010年から同社はISO 9001：2008認証を取得しており、現在も新しい証明書を付与され続けています。特に財産の安全も含め、「安全」を重要視しています。顧客のニーズに

より良く応えるために、常にサービスの品質改善に努力しています。サイト運営から工事の活動まで5Ｓ管理システムを応用。10年以上の管理経験を持つプロジェクト管理チーム、6年以上のリーダー経験を持つ現場リーダーチームおよび長期間同社に勤めている経験豊富なエンジニアが同社の強みです。

実績

❖ これまでの建設実績

　ベトナムで100件以上、FDI資本がある工場で電気機械システムを構築しました。代表的なプロジェクトは以下のとおりです。

1. プロジェクト: DT&C Vina工場

顧客:ベトナムSamwoo建設有限会社

内容:電気システムの供給と設置

規模:1ヘクタール

価格:80億ドン

場所: HOA LACハイテクパーク

時期：2018年

2. プロジェクト: 本社プロジェクト

顧客: Viettel Industry Group

内容: 4つの変圧器グループを提供・設置

価格:100億ドン

場所: CAU GIAY, HA NOI

時期: 2019年

3. プロジェクト:LY NHAN&BINH LUC - HA NAM J Y工場

顧客: Hai Long建設株式会社

内容:電気機械システム設置

価格: 210億ドン

場所: Ly Nhan và Binh Luc - Ha Nam - VN

時期: 2016年

（他のプロジェクト）

ベトナムNissin Brake会社

Goshi工場 Thang Long, Sai Dong, Gia Lam,Ha Noi

Me Linh Plaza貿易センター Ha Dông, Ha Noi

KPF Vina工場、工業地帯

Dai An, Hai Duong プロジェクト: SANTA工場

CLARA ―Yen Binh, Y Yen, Nam Dinh

プロジェクト:SD Global工場-2段階, Dai An工業地帯,Hai Duong

JY工場―Ly Nhan, Ha Nam

ベトナムFWKK工場-Lap Thach, Vinh Phuc

Mayfair縫製工場- Phu Thai, Hai Duong

Dream Plastic工場- Truc Ninh, Nam Dinh

Kintex Elastics紡績工場, Phu Thai工業地帯,Hai Duongなど

詳細は以下をご覧ください。

http://viteqvn.com/du-an/

問い合わせ先

【社名】 VITEQ VIET NAM TECHNOLOGY JOINT STOCK COMPANY
【住所】 1/41 LANE 6, TRAN QUOC HOAN STREET, CAU GIAY DISTRICT, HA NOI
【電話番号】 +84 981 38 2266
【E-mailアドレス】 Son.nh@viteqvn.com
【担当者名】 Nguyen Hoang Son
【WEBアドレス】 http://viteqvn.com

AN PHONG CONSTRUCTION JOINT STOCK COMPANY

会社概要 ＊＊＊＊＊＊＊＊＊＊＊＊＊＊＊＊＊＊＊

【社名】AN PHONG CONSTRUCTION
JOINT STOCK COMPANY
【設立年月日】2006年
【資本金】—
【代表者】Tran The Hoan（取締役会長）
【売上（2018年度）】3兆6570億VND
【住所】55-57 Area C, Vu Tong Phan
Street, An Phu An Khanh Urban
Area, An Phu Ward, District 2,
Ho Chi Minh City.
【従業員数】1,000名以上

設立の背景とビジョン

❖ 創業者の理念・ビジョン

　AN PHONG CONSTRUCTION JOINT STOCK COMPANYは信用できるパートナーだけではなく、顧客の親友でもあります。これは、設立された時点から現在まで、同社の変わらぬ信条です。2006年、30名のエンジニアとともに同社を設立しました。10年後、ベトナム全土での工業プロジェクト、工場、インフラストラクチャー、ショッピングモール、オフィス、アパートなどで、同社の緑色のカラーが顧客の満足・建設効果・高品質を約束するブランドを確立しました。同社は堅実な工事を通じて、現在までホーチミンとベトナムの発展に貢献できたことを誇りに思ってます。競争がとても激しい建設業界の若い企業として、同社は様々な問題を乗り越えてきました。長期的な発展に向かって、同社は常に努力しています。10年以上かけて、同社は建設業界において徐々にトップのゼネコンになっていきました。顧客とパートナーの信頼・協力のおかげで、同社の現在があると考えています。

方針：同社は、民間用工事および工業工事の建設業界において、信頼度ナンバー１のゼネコンになることを目指しています。東南アジアに営業規模を拡大するため、

市場調査を進めています。

自社の強み

❖ 他社と比較しての強み

-同社は、ベトナム北部から南部までのプロジェクトを実施したこともあり、特に
　ホーチミンでのプロジェクトを多く手がけています。同社の工事が投資家から品
　質面だけではなく、審美的にも評価を得ています。
-同社は堅固な財政基盤を持っています。同社は豊富な経済力を活用し、最新の設
　備を整え、高価な機械への投資を重視しており、高品質で、美しい工事を予定通り
　に完成させることができます。これが同社のブランド向上にも貢献しています。
-多様な工事に応じるため、同社は様々な設備・機械を購入しました。

❖ サービスの差別化について

コア・バリュー：信用
　同社が最も重視するコア・バリューは顧客への約束を遵守することです。
使命:
-従業員に対して：
　従業員に対して、待遇や精神面で満足してもらえるように工夫し、ダイナミッ
クでクリエイティブな職場環境を整えています。
-顧客に対して：
　相互尊敬に基づき、顧客との約束を遵守しながら、顧客の利益になるような最適
の建設方法を提供します。
-製品に対して：
　納期を遵守し、高品質で見た目にも良い工事を行えるように、常に最新の技術や
建設傾向を把握します。
-社会環境に対して：
　同社は、社会環境を保護し、会社の利益と社会的利益を結びつけることができる
ように努力しています。

実績

❖ これまでの建設実績

1.PANORAMA NHA TRANG

住所: Nha Trang市, Khan Hoa県

工事タイプ: Condotel アパート

内容: 完全な構造-26F構造-屋根

時期: 2019年

投資家: Vinh Nha Trang建設投資株式会社

規模: 2 地下室; 40 階; 92,500m2

価格: 341,000,000,000 ドン

2. VINPEARL EMPIRE CONDOTEL NHA TRANG

住所: Nha Trang市, Khan Hoa県

工事タイプ: Condotel アパート

内容: 基礎、トンネル、車体および仕上げ構造の建設

時期: 2017年

投資家: Vinpearl 株式会社

規模: 2 地下室; 40 階; 110,000m2

価格: 501,000,000,000ドン

3. SAFIRA

住所: Phu Huu Ward, District 9, TP. HCM

工事タイプ: 高級なアパート

内容: パイル、構造、仕上げ、およびMEPアイテムの建設のゼネコン

時期: 1.3.2018 – 30.3.2020

投資家: Saphire 不動産営業・投資有限責任会社

規模: 4 blocks; 2 地下室; 22 階; 168,388m2

価格: 1,400,000,000,000ドン

他のプロジェクトは以下参照

https://anphong.vn/uploads/profile-dan-dung_print_new-da-nen.pdf

問い合わせ先

【社名】AN PHONG CONSTRUCTION JOINT STOCK COMPANY
【住所】55-57 Area C, Vu Tong Phan Street, An Phu An Khanh Urban Area, An Phu Ward, District 2, Ho Chi Minh City.
【電話番号】+84 902589568
【E-mailアドレス】sang.nh@anphong.vn
【担当者名】Nguyen Huu Sang（プロジェクト開発部部長）
【WEBアドレス】https://anphong.vn

U-MAC VIETNAM COMPANY LIMITED

会社概要 ＊＊＊＊＊＊＊＊＊＊＊＊＊＊＊＊＊＊＊

【社 名】U-MAC VIETNAM COMPANY
　　　　LIMITED
【設立年月日】2007年12月12日
【資本金】10,141,889,484VND
【代表者】Yasuo Yamashita
【売上（2018年度）】270,000,000,000VND
【住所】17th Floor, Icon 4 Tower, 243A De
　　　La Thanh, Dong Da, Ha noi
【従業員数】350 名

設立の背景とビジョン

❖ 設立にいたるまで

　U-MAC VIETNAM COMPANY LIMITEDは、2007年12月12日に日本からの100％の出資金により設立されました。同社の前身は、リフティング機器、日本での長期建設機械およびグローバルネットワークの提供を専門とするリーディング会社で、日本の基準を継承・推進しています。 顧客に最高品質の機器とサービスを提供します。同社は、リフティング機器業界の主要な専門家、高度な技術を備えた建設機械、品質システム、世界の主要な機器およびサービスを提供しています。日本での高い評判により、主要な仕事とプロジェクトに持続可能な価値がもたらされています。

❖ 創業者の理念・ビジョン

　ベトナムにおける高品質建設機械を提供できるリーディングカンパニーになります。最も安全で効率的なソリューションを顧客に提供します。

自社の強み

❖ 他社と比較しての強み

・日本の品質基準に従って運営

・世界のトップレベル機器を活用しています

（フォークリフト、クレーン、フリップトラック、多目的フォークリフト、発電機、照明などの機器の国内最大の機器レンタルシステム）

・全国に支店があります

　同社は、ハノイ、ニンヒエプ、タインホア、バリア-ブンタウ、ホーチミンに支店があり、国内のあらゆる場所の顧客ニーズに応えています。特に、同社には、ISO規格の基準を満たした専門家チームがあり、世界のトップレベルの人材と信用のおける機器・機械を組み合わせて、ユーザーのニーズを効率的かつ迅速に満たしています。同社の前身は、日本で長年リフティング機器、建設機械、グローバルネットワークの提供に特化してきたリーディング会社です。そのため、同社は日本の基準を継承し、顧客が最も信頼できる品質の機器とサービスを提供できます。同社は、リフティング機器業界の大手エキスパート、日本のユニットの先進的で高品質の建設機械を所有しています。10年以上の経験を経て、同社は現在、ク

レーン、フォークリフトに特化したベトナム最大の建設機器サプライヤーの1つです。

　　＋ 建設機械の販売およびレンタル

　　＋ 機械の修理とメンテナンス

　　＋ 安全性と運用スキルに関するアドバイス

　　＋ 技術コンサルタントと機械検査

　同社は、Vinfast、Samsung、Nghi Son Refinery and Petrochemical、Nghi Son Thermal Power Plant、Formosa、Nui Phao Mine、Ninh Thuan Energy Plantなど、多くの大きなプロジェクトに参加しました。

❖ サービスの差別化について

・品質、効率、安全性

-ベトナムにおいて、高品質な製品とサービスを提供

　同社は、ベトナム全土の建設工事、工場、商業センター、工業団地、輸出加工区に機器と機械を提供する長年の経験を持っています。現在、同社は、大きなプロジェクトと入札に対して、同社のブランドが持続可能であることを立証しています。

・標準的な品質管理-サービスシステム

実績

❖ これまでの建設実績

URL：https://umac.com.vn/du-an-tieu-bieu/

問い合わせ先

【社名】U-MAC VIETNAM COMPANY LIMITED

【住所】17th Floor, Icon 4 Tower, 243A De La Thanh, Dong Da, Ha noi

【電話番号】(+84) 979 96 36 16

【E-mailアドレス】Umacvn.t@gmail.com

【担当者名】Ms. Trang

【WEBアドレス】http://www.umac.com.vn

Hong Minh Steel Import Export Trading Company Limited

会社概要　＊＊＊＊＊＊＊＊＊＊＊＊＊＊＊＊＊＊＊

【社 名】Hong Minh Steel Import Export Trading Company Limited
【設立年月日】2002年10月13日
【資本金】500万VND
【代表者】Le Quang Tuyen
【売上 (2018年度)】1850億VND
【住所】78/10 Road No. 11, Ward 11, Go Vap District, Ho Chi Minh City
【従業員数】200名

設立の背景とビジョン

❖ 設立にいたるまで

1.Hong Minh Steel Import Export Trading Company Limitedを鉄鋼事業企業として立ち上げ

2.鉄鋼製造・営業および建設業界のパートナーと積極的に協力

3.企業文化の構築および改善

❖ 創業者の理念・ビジョン

1.製造企業と顧客の架け橋として、顧客の利益を追求し、協力することで継続的に共に発展

2.人財を重要視することで、チームワーク精神と従業員の創造性を発揮

自社の強み

❖ 他社と比較しての強み

＋同社は売上で最も実績を上げているSeAH鋼管販売の代理店です。

+同社は建設業界と鉄鋼市場で信頼を築き上げてきた企業です。

+同社は管理ソフトウェアを運用し、高度な管理システムで営業活動を進めます。

+同社は専門知識を持つ従業員を擁し、建材・鋼管業界において15年間以上の経験がある企業です。

+同社はベトナムでSeAH鋼管のトップ代理店です。

　SeAH鋼管にはメッキ鋼管と溶接されたERWの黒い空の鋼管が含まれます。

-鋼管配布事業に15年間以上携わっている経験を生かし、便利なサービスを提供します。

-品質管理基準ISO 9001：2008に基づいた管理を行い、顧客のニーズをよく理解し、様々なご要望に対応できます。

- API管の製造のため、SeAHvinaと協力し、原料を研究し、発展していきます。

-高度な品質管理システムおよび専門的なサービスを駆使し、高品質の商品を提供します。

-顧客のニーズを満たすことに全力を尽くします。

- 2003年からSeAHvinaの戦略パートナーになりました。

　同社は常に顧客満足度を重視することで、市場における信頼を積み重ね、ブランドを築きあげています。

❖ サービスの差別化について

+商品問合わせとメーカーの選択から配送とアフターケアまで完璧なサービスを提供します。

+顧客のご要望に迅速に対応します。

+鉄鋼業界のあらゆる鋼管種をパッケージで提供します。

実績

❖ これまでの建設実績

　2002年に設立された同社は、ベトナムでSeAH鋼管のトップ代理店です。

問い合わせ先

【社名】Hong Minh Steel Import Export Trading Company Limited

【住所】　事務所: 78/10 Road No. 11, Ward 11, Go Vap District, Ho Chi Minh City

　　　　　支　店: 1907 Hamlet of Dong QL 51 - Phuoc Tan Commune - Bien Hoa - Dong Nai Province

【電話番号】+84 251 3 930 858

【E-mailアドレス】thephongminh@gmail.com, hieu-pham@hongminh.vn

【担当者名】Pham Thi Thu Hieu

【WEBアドレス】http://seahvina.net

INTECH Investment and Technology Joint Stock Company

会社概要 ＊＊＊＊＊＊＊＊＊＊＊＊＊＊＊＊＊＊

【社 名】INTECH Investment and Technology Joint Stock Company
【設立年月日】2012年8月23日
【資本金】250億VND
【代表者】Cao Dai Thang
【売上 (2018年度)】2500億VND
【住所】145 Ngoc Hoi, Hoang Liet, Hoang Mai, Hanoi
【従業員数】80-100名

設立の背景とビジョン

❖ 設立にいたるまで

　INTECH技術投資株式会社は国内外の企業をパートナーとし、ベトナム工業建設業界でトップの会社です。

❖ 創業者の理念・ビジョン

　国内外のパートナーに建設サービス、電気機械、高品質のクリーン・ルームなどを提供するベトナムでトップの企業です。同社の目標は、「リーディング・テクノロジー・ソリューション」(Leading technology solutions)業界で開拓者になることです。IntechGroup はベトナムだけではなく、海外にも目を向けて全力で事業に取り組んでいます。設立以来の努力により、同社は様々な営業分野で信頼される企業になりました。

- 工場建設の完全なソリューションを提供し、「鍵を手に入れる」ようなやり方で、直接設計・施行
- LG、DELL、SAMSUNGという著名なメーカーのパートナーとして、電子部品製造工場とクリーン・ルームの建設に成功しました。他に、ハイレベルの医療GMPクリーン・ルームと病院のクリーン・ルームの建設

- 電気システム、エアコンシステム、消防システムの設計・設置・施行
- TRANE USA というアメリカのエアコンのブランド（ベトナム工業エアコンの一番有名なブランド）のトップ代理店

　グローバル化と開発トレンドに適合するように、同社は優秀な人財を育て、徐々に顧客の信用を得るようになりました。2018年、同社はベトナムのトップ技術投資企業の1つとなり、海外市場も目指すようになりました。ベトナムだけではなく、世界中の各工事の「移動傾向」および「工場の品質向上」を促進する企業です。設備設置、クリーン・ルーム建設、Traneエアコンなどの分野が強く、多様な活動を目指しています。現代の技術を生かし、計画通りに進め、高品質の工事を提供します。同社は、従業員を大切にし、株主の利益を生み出し、社会にも貢献します。

自社の強み

❖ 他社と比較しての強み
-同社は日系の顧客と国内顧客に大規模なプロジェクトを実施した経験
-同社の人財力、技術力は高く、工事の進捗・価格なども独自に設定

❖ サービスの差別化について
-建設と電気機械のプロジェクトの独自開発
-日本の品質管理システム
-コアバリュー
*財政
　同社には十分な財源があります。
*人財
　同社で最も重要なのは人財です。高い能力を要求しますので、同社に入社することはとても難しいです。同社のスタッフは多様な経験を持つ人、大卒、エンジニア、スキルを持っている人です。
*品質
　同社の方針は「品質はブランドの価値を高める」です。高品質の製品を製造するとともに、アフターケアも充実しています。

実績

❖ これまでの建設実績

-韓国企業と日本企業の工場建設・組立

-国内外のパートナーの電気機械、大きなクリーンルームの建設・組立

　以下参照

http://intechgroup.vn/xay-dung-nha-xuong.html

問い合わせ先

【社名】INTECH Investment and Technology Joint Stock Company
【住所】145 Ngoc Hoi, Hoang Liet, Hoang Mai, Hanoi
【電話番号】+84 2437858602
【E-mailアドレス】contact@intechgroup.vn
【担当者名】DINH THI VAN ANH
【WEBアドレス】http://intechgroup.vn

R.E.E MECHANICAL & ELECTRICAL ENGINEERING JOINT STOCK COMPANY

会社概要　＊＊＊＊＊＊＊＊＊＊＊＊＊＊＊＊＊＊

【社名】R.E.E MECHANICAL & ELECTRICAL
　　　　ENGINEERING JOINT STOCK COMPANY
【設立年月日】2002年7月12日
【資本金】1500億VND
【代表者】Huynh Thanh Hai（社長）
【売上（2018年度）】3兆VND
【住所】364 Cong Hoa, Ward 13, Tan Binh District, Ho Chi
　　　　Minh City
【従業員数】900名

設立の背景とビジョン

❖ 設立にいたるまで

　1977年：後にREE M&Eに社名を変更した国営企業から合同会社を設立

　1993年：競争力を高めるため、株式会社化。ベトナムで最初に株式会社化された企業の1つとなりました。

　2002年7月12日：事業をより大きく発展させるため、REE M&E JSC (REE M&E)を設立。

❖ 創業者の理念・ビジョン

　ベトナムでの機電分野における主要な請負業者の地位を維持し、国際基準に従って持続可能な発展に向けて努力しています。

自社の強み

❖ 他社と比較しての強み

　＋ 長年の評判による高い知名度とブランド力

+ 強固な財務ポテンシャル
+ インフラストラクチャー設備
+ 法を遵守する健全な会社
+ 専門的人財
+ 多数の大きなプロジェクトの実績
+ 政府機関、顧客、銀行、サプライヤーからの支援

❖ サービスの差別化について

　同社はインフラストラクチャー、土木、産業など、あらゆる分野の機電システム実施経験を持つベトナム大手の会社です。機電システムは建設プロジェクトの血脈と呼ばれています。正確で効率的かつ安全に動かすために機電システムは重要です。40年以上の経験で、同社は顧客のプロジェクトの規模にどの機電システムが適しているのかを見極め、技術、品質、進捗において最も厳しい基準を満たすため、高品質のコンサルティング・デザイン・設定・運用およびメンテナンスのサービスを提供しています。これまでに同社は国内外の数千におよぶプロジェクトを実施してきました。その中にはベトナム国内でも有名な重要プロジェクトもあります。

実績

❖ これまでの建設実績
+ ベトナムグリーンビルディング協議会(VGBC)のゴールド会員
+ 米国グリーンビルディング協議会(USGBC)のシルバー会員
+ 2018年　信用される電機会社トップ5
+ 2018年　ベストベトナム企業トップ５０
+ 2017年　ベトナム大手企業トップ５００

URL: https://www.reeme.com.vn/collections/cong-trinh-cap-quoc-gia

❖ 他社との差別化

　当社はベトナムの機電系工事業界のトップレベルの請負業者であり、インフラ、土木、商業、工業のすべての分野で機電システム施工の経験があります。
　電気機械システムは建物の生命線と呼ばれます。建物が適切、効率的、安全に機能

するための鍵を握ります。40年以上の経験を持つ当社は、どのM&Eシステムがクライアントの業務規模に最適であるかを理解し、コンサルティング、設計、供給、設置、および試運転サービスを提供します。技術、品質、進歩の最高水準を満たすプロフェッショナルな運用と保守が可能になります。当社は、その運営中にベトナムの多くの有名な主要プロジェクトを含む、数千の国内外のプロジェクトを実施してきました。

❖ 今後の取り組み

　当社は電気システムのコンサルティングサービス、設計、供給、設置、運用、および保守を専門的なサービスを提供し、最高水準の技術、品質、および進歩を実現することを専門としています。あらゆる種類の土木および工業プロジェクトがあります。

+ 空調および換気システム　　＋ 給排水システム
+ 電気システム　　＋ 防火システム
+ 電気制御システムおよび自動　　＋ その他の電気機械システム

❖ スタッフに求めるスキル

　現在、当社には以下のように対応能力があります。

・855名のスタッフは職場環境と機会を確保するためのポリシーにより、専門的で熟練したすべてのスタッフが定期的にトレーニングおよび社員の能力を高めさせています。
・40人の工事監督のリーダーとサブリーダーがいます。管理能力と実務経験は、国内外の集中トレーニングプログラムを通じて常に向上しています。
・172人の熟練労働者がいます。
・495人のエンジニアがいます。高度な資格を持つエンジニアのチームがさまざまなプロジェクトを通じて実務経験を積み向上しています。

問い合わせ先

【社名】R.E.E MECHANICAL & ELECTRICAL ENGINEERING JOINT STOCK COMPANY
【住所】364 Cong Hoa, Ward 13, Tan Binh District, Ho Chi Minh City
【電話番号】(+84 28) 3810 0017
【E-mailアドレス】ree@reeme.com.vn
【担当者名】Le Quoc Khanh（営業部）
【WEBアドレス】https://www.reeme.com.vn

CUU LONG INVESTMENT REAL ESTATE JOINT STOCK COMPANY

会社概要　＊＊＊＊＊＊＊＊＊＊＊＊＊＊＊＊＊＊＊

【社名】CUU LONG INVESTMENT REAL ESTATE
　　　　JOINT STOCK COMPANY
【設立年月日】2009年2月3日
【資本金】―
【代表者】Tran Quoc Du
【売上（2018年度）】―
【住所】Cuu Long Urban Area, Nguyen Van Linh,
　　　　Long Hoa Ward, Binh Thuy District, Can
　　　　Tho City
【従業員数】60名

設立の背景とビジョン

❖ 設立にいたるまで

　2009年2月3日、投資、建設、不動産分野の長年の経験を持っているメンバーが Cuu Long不動産投資株式会社を設立しました。現在60名以上の主要スタッフがいます。そのうち、9割以上は大学・大学院卒で、専門技術を身につけています。同社は全国の人々の生活水準の向上に貢献するため、完璧な計画とデザインで、審美性の高いプロジェクトを行います。顧客には最高品質の商品・サービスを提供しています。主な事業は不動産および財務です。

❖ 創業者の理念・ビジョン

　同社はビジネスおよび社会活動の信用・品質・効果を向上させるため、資源開発に特化しています。不動産および金融投資の分野で確固たる地位を目指しています。同社は努力すれば、価値のある果実を得ることができると信じています。そしてそれは成功への扉を開くための鍵です。同社は事業を成功させるために情熱を持って知識を深め、経験を積んで目標達成に向けて日々努力しています。同社は自発性・平等・相互利益に基づいて事業を選択し、発展・協力する機会を創り

出します。同時に社会に利益を還元します。同社の信用と専門的な技術によって、パートナーと良好な関係を築いていきます。

自社の強み

❖ 他社と比較しての強み

　同社は最新の法律に準拠し、あらゆる分野で戦略的なビジネスを展開しています。同社は専門的な企画と豊富な人財を提供し、資金調達を行います。同社は効率的に仕事を行い、パートナーと良好な関係を築いています。同社は、生活・学び・仕事面における最高の環境を従業員に提供しています。同社は不動産事業を中心に、他の関連分野にも事業を拡大しています。不動産事業の主要戦略と平行して、金融投資支援戦略を確立しました。

❖ サービスの差別化について

　モットーは効率・品質・信用。同社はこのモットーに基づきすべてのプロジェクトに取り組みます。国内外のパートナーから信用され、ベトナムで信頼できる企業の1つになっていると自負しています。顧客に最も良好なサービスを提供す

るために、従業員に専門的な研修を提供しています。専門的な知識の把握だけではなく、顧客に対する応対面でも適切なスキルを身につけています。

実績

❖ 今までの建設実績

　実行済のプロジェクト：54ヘクタールのCuu Long都市団地、14ヘクタールのCon Khuong庭、20階規模のCuu Longマンション、3.8ヘクタールのF370軍人住宅、120ヘクタールのDong Phu産業集積区域、27.1ヘクタールのDong Phu再定住区域など

URL: https://www.cuulongct.com/du-an/

問い合わせ先

【社名】CUU LONG INVESTMENT REAL ESTATE JOINT STOCK COMPANY
【住所】Cuu Long Urban Area, Nguyen Van Linh, Long Hoa Ward, Binh Thuy District, Can Tho city
【電話番号】(+84) 2923.816.816; (84)2923.769.347.
【E-mailアドレス】batdongsan@cuulongct.com
【担当者名】―
【WEBアドレス】http://www.cuulongct.com

Minh Cuong Mechanics Construction Trading Joint Stock Company

会社概要 ＊＊＊＊＊＊＊＊＊＊＊＊＊＊＊＊＊＊＊

【 社 名 】Minh Cuong Mechanics Construction
　　　　　Trading Joint Stock Company
【設立年月日】1997年8月28日
【資本金】1500億VND
【代表者】Duong Van Yen
【売上 (2018年度)】1兆1290億VND
【住所】Km 10, NH3, Cau Doi, Uy No commune,
　　　　Dong Anh district, Hanoi city
【従業員数】630名

設立の背景とビジョン

❖ 設立にいたるまで

　Minh Cuong Mechanics Construction Trading Joint Stock Company
の前身は、MINH CUONG有限会社でハノイ人民委員会による設立許可証第
3191/GP/TLDN号に基づいて設立されました。同社は鉄骨構築分野で20年以上
の経験があります。設立当初から同社は高品質の商品とサービス・パッケージを
提供し、顧客から信頼を得ています。国内のトップ・ブランドを目指し、同社は経
営方針を常に改善しています。

❖ 創業者の理念・ビジョン

　同社の目標は、建設分野で最高の品質とサービスを提供し、鉄骨製品でリーディ
ング企業になることです。
　「高品質・進歩・低価格」をモットーに、最高品質の製品を低価格で、納期厳守
で納品します。同社は完璧なサービスを顧客に提供できるようにします。

自社の強み

❖ 他社と比較しての強み

　建設分野における20年以上の経験があり、豊富な経験を持つ専門スタッフを擁し、高度な機械設備システムを使って多くのプロジェクトに高品質のサービスを提供しています。

❖ サービスの差別化について

　同社はおもてなしを意識したカスタマーサービスを提供し、高品質の製品・サービスと共に、顧客の満足度を高めています。

実績

❖ 今までの建設実績

URL: http://minhcuongsteel.com/du-an

プロジェクト

＋888社の生産能力の拡張プロジェクト

　契約金額：435億7879万8千ドン

＋Xich Lip Dong Anh社のCK3機械センター施設

　契約金額：264億6570万6千ドン

＋ＨＮＰ社の衣服工場建設

　契約金額：453億6151万0675千ドン

＋May 10 Corporationのショールームセンター改善

　契約金額：358億8500万ドン

❖ 将来のビジョン

　当社の使命は、建設業界において最高の品質と最善なサービスで鉄骨構造の製品と機械製品を供給するリーディングカンパニーになることです。「高品質・進歩・価格」をモットーに最高品質の製品、最速の進歩、リーズナブルな価格、パーフェクトなサービスをお客様に提供することをお約束します。

❖ 日本企業へのメッセージ

　工業建設分野において多様な開発、鉄骨構造フレームのコンサルティング、設計、製造、建設、灌漑および輸送業務の実行における先駆的パートナーになるという目標を掲げています。当社が技術とテクノロジーへの投資と開発に取り組んで、スタッフの質と能力を高め、顧客に効果的なソリューションをもたらすと確信して、サービスの開発に努めています。当社は顧客の信頼を、製品品質を高めるモチベーションのひとつとして取り組んでいます。

　日本のお客様からの助言や意見に対して感謝し、歓迎します。そうすれば、弊社は日本のお客様の希望をよく理解でき、より貢献することができます。

問い合わせ先

【社名】Minh Cuong Mechanics Construction Trading Joint Stock Company
【住所】Km 10, NH3, Cau Doi, Uy No commune, Dong Anh district, Hanoi city
【電話番号】(+84) 243.883.5397
【E-mailアドレス】phongduan@minhcuongsteel.com
【担当者名】Mrs. Anh
【WEBアドレス】http://minhcuongsteel.com

THANH TRUONG LOC CONSTRUCTION CO LTD

THÀNH TRƯỞNG LỘC

会社概要　＊＊＊＊＊＊＊＊＊＊＊＊＊＊＊＊＊＊＊

【社　名】THANH TRUONG LOC CONSTRUCTION CO LTD
【設立年月日】1994年9月5日
【資本金】100,000,000,000VND
【代表者】グエン・クオックズン(社長)
【売上(2018年度)】—
【住所】387 Vo Van Tan Street, Ward5, dist3, Ho Chi Minh City
【従業員数】30名

設立の背景とビジョン

❖ 設立にいたるまで

　1994年に設立されたTHANH TRUONG LOC CONSTRUCTION CO LTDは、ホーチミンの住宅開発と建設における先駆的企業の1つとして知られています。設立以来、同社は常に海外から学び、国内市場と調和させてきました。同社は、資格を保有した経験豊富な専門家チームと共に、投資と建設の分野におけるブランドを築いたと自負しています。投資の分野では、同社は多くの都市投資プロジェクトを行い、ダラット市内中心部、グランドホートラムホテル＆リゾート、サービスセンターなどの内装、トゥエンラムレイクリゾートダラットシティのサービスセンターなどのプロジェクトを行いました。特にリバーサイドガーデン4S商業地区と結合した高層ビル、何千戸ものアパートの規模を持つリンドン4Sアパートメントの高層ビルは、環境とコミュニティを備えた持続可能な開発プロジェクトです。知識、経験、そして熱意を持つ同社のスタッフは価値ある高品質の投資商品、自然との持続可能な開発に焦点を当てた、創造的かつ先駆的なチームです。同社の投資プロジェクトは、国際的設計基準に準拠しており、「環境への取り組み」という観点を満たしています。

自社の強み

❖ 他社と比較しての強み

　同社は建築家、エンジニア、デザイナーを擁しています。各メンバーの知識、経験、熱意をもって、価値ある高品質の製品を提供します。同社は自然と環境の持続可能な開発を実現します。さらに、同社は、一連の建設、設計および製造主の会社なので、他社製品と比較しても断然安価になっています。特に同社の製品ラインは川と庭園に関連しており、特殊なノウハウを兼ね備えていることが強みです。

❖ サービスの差別化について

　利益は最終目標ではありません。自然と安全、便利で環境にやさしい生活を満たすために必要なこととの調和が同社の目標です。

実績

❖ 今までの建設実績

＋2010年のアパートデザインで国家建築賞を受賞

＋ダラット中心部、グランドホートラムホテル＆リゾート、サービスセンターなどの内装、トゥエンラムレイクリゾートダラットシティのサービスセンターなどのプロジェクト

＋リバーサイドガーデン4S商業地区と結合した高層ビル。何千戸ものアパートの規模を持つリンドン

＋4Sアパートメントの高層ビル

問い合わせ先

【社名】THANH TRUONG LOC CONSTRUCTION CO LTD
【住所】387 Vo Van Tan Street, Ward5, dist3, Ho Chi Minh City
【電話番号】+84 2838334188
【E-mailアドレス】huongnguyen@thanhtruongloc.vn
【担当者名】Nguyen Huong
【WEBアドレス】—

DILEC CONSTRUCTION JOINT STOCK COMPANY

DILEC

会社概要 ＊＊＊＊＊＊＊＊＊＊＊＊＊＊＊＊＊＊＊＊

【社 名】DILEC CONSTRUCTION JOINT STOCK
COMPANY
【設立年月日】2009年3月31日
【資本金】100億VND
【代表者】Dinh Le Hoang
【売上 (2018年度)】100億VND
【住所】76 An Duong Street, Yen Phu Ward, Tay Ho
District, Ha Noi
【従業員数】20名

設立の背景とビジョン

❖ 設立にいたるまで

　2000年代、ベトナムでは多くの公共事業、特に水処理および固形廃棄物処理のプロジェクトが実施されました。しかし、専門的で、高品質を提供できるコンサルティング企業は少数でした。ベトナムでの上水道工事および固形廃棄物処理プロジェクトの建設事業に携わり、環境汚染の削減、国内建設産業の発展に積極的に貢献するため、2009年3月ハノイにDILEC CONSTRUCTION JOINT STOCK COMPANYを設立しました。

❖ 創業者の理念・ビジョン

理念：社会的責任を果たすビジネス。経営と企業文化の維持。お互いに信頼し、尊重すること。プロ同士の仕事として信頼できること。チームワークを活かすこと。プロアクティブおよびクリエイティブであること。顧客に対して深い感謝の念を持つこと。パートナーと共に成長すること。同社の目標に対して各従業員が努力を惜しまないこと。

ビジョン：同社は天然資源を節約し、環境に優しく、卓越した製品とサービスで

　ベトナム国民の生活レベルの向上に貢献します。国内建設業界で高い評価を得て、
ベトナムの大手建設コンサルティング会社になることを目指しています。

自社の強み

❖ 他社と比較しての強み
　同社の主要業務は建設コンサルティングです。建設省より、第一に、公共事業へ
の貢献、第二に、土木工事のコンサルティング企業として認められました。同社の
エンジニアの多くは、大卒と大学院卒レベルであり、海外での研修経験があります。
若く有能なエンジニアチームを擁する同社は水処理および固形廃棄物処理分野に
おいて、優秀な技術力と人材を提供します。同社は顧客の期待を超えたソリュー
ションを提案します。

❖ サービスの差別化について
　同社は「信頼」という言葉を最優先にし、持続可能な発展基盤を生み出して、最高

の品質を提供します。同社はすべてのパートナーに真の価値と真の資産をもたらすよう努めています。同社のメンバーは、熱意を持って顧客に最高のサービスを提供しています。同社はすべての活動を明瞭にし、見える化の管理、明確な連携内容とメリットを示します。顧客の要望に応えるために、品質管理システムを絶えず改善しています。

実績

❖ これまでの建設実績

URL: https://dilec.vn/tat-ca-du-an/

　同社は、多くのレベルIの公共事業についてコンサルティングをしていました。同社は、福岡の技術を利用して固形廃棄物処理施設を設計した初のベトナム企業です。このプロジェクトはハノイのXuan Son廃棄物処分場で建設および運営されています。都市や省で水処理および廃棄物処理施設を設計する同社のコンサルティングは高い評価を受けています。

問い合わせ先

【社名】DILEC CONSTRUCTION JOINT STOCK COMPANY
【住所】76 An Duong Street, Yen Phu Ward, Tay Ho District, Ha Noi
【電話番号】+84-24-6282 9666; +84-24-6286 9666
【E-mailアドレス】dilec@dilec.vn
【担当者名】Dinh Le Hoang
【WEBアドレス】https://dilec.vn

SAI GON WOODEN WORK COMPANY LIMITED

会社概要　＊＊＊＊＊＊＊＊＊＊＊＊＊＊＊＊＊＊＊

【社 名】SAI GON WOODEN WORK COMPANY LIMITED
【設立年月日】2017年5月10日
【資本金】90億VND
【代表者】DO NGO HUU PHU
【売上 (2018年度)】100億VND
【住所】319 Nguyen An Ninh Street, Di An Ward, Di An Town, Binh Duong Province
【従業員数】30名

設立の背景とビジョン

❖ 設立にいたるまで

　立ち上げ当初、小さな工場から始まりました。現在は全ての生産工程で改良が進み、生産用地および生産性も増えています。

❖ 創業者の理念・ビジョン

　長年の経験を持つ内装の設計と実施。プロジェクトの大小に関わらず、同社は常に全力で取り組みます。研究し意見交換し、最も合理的なソリューションを見つけます。同社は、顧客の厳しい要件を満たすために高品質の製品・サービスを提供します。

自社の強み

❖ 他社と比較しての強み

　市場では、高級インテリアとエクステリアのデザインブランド、生産、建設分野で知られています。同社は多くのビジネスパートナーから技術の実績で高い評価を受けています。ベトナムの建設・内装分野でリーディングカンパニーになるという目標を達成するために、同社は、同じ開発戦略を持つパートナーと連携します。同社は金融、建設、サービス、建設資材、管理、テクノロジー分野で国内外の企

業と協力。インテリアデザインと建設市場で同社のブランドを確立することを目標にしています。2016年1月に内装生産工場の増築に投資し、2016年6月にホーチミン、ドンナイ、ビンズオンで生産を開始しました。工場規模は15,000平方メートルを超え、インテリアデザインからインテリア建設、マスタリングテクノロジーに至るまでの近代化にも投資しました。同社では、出荷時のすべての製品の品質とデザインを徹底的にテストし、常に安定した運用と全国規模のプロジェクトの幅広いカバレッジを保証しています。

❖ サービスの差別化について

　加工木材と自然木材を組み合わせ、金属付き材料とヨーロッパの先進技術を使用しています。木製家具の設計と木製家具の生産サービスが同社最大の強みです。同社は、レストラン、ホテル、カラオケ、高級マンション、タウンハウス、ヴィラ、カフェなどのプロジェクト向けの木製家具の製造、設計において9年間の実績があります。顧客の満足度が高く、信頼もあり、同社はサイゴンのデザイン市場における内装デザイン分野でブランドを築いてきました。木材内装工場で一般的に使用される材料には、天然木材や他の材料と組み合わせた工業用木材があり、ワークショップで使用される天然木材には、オーク、モモ、スポーク、リム、オイル、カジュプト、パインなどがあります。高品質の輸入木材には、ベニア、HDF、Alu、ガラス、石材の組み合わせ、Laminate 、MFC、MDFなどがあります。

実績

❖ これまでの建設実績

　毎年売上20%増

URL: https://xuongmocsaigon.com/category/du-an/

問い合わせ先

【社名】SAI GON WOODEN WORK COMPANY LIMITED
【住所】319 Nguyen An Ninh Street, Di An Ward, Di An Town, Binh Duong Province
【電話番号】(+84) 902.388.009
【E-mailアドレス】xuongmocsg@gmail.com
【担当者名】DO NGO HUU PHU
【WEBアドレス】http://www.xuongmocsaigon.com

TUAN PHUONG ELECTRIC ENGINEERING JOINT STOCK COMPANY

会社概要 ＊＊＊＊＊＊＊＊＊＊＊＊＊＊＊＊＊＊

【社名】TUAN PHUONG ELECTRIC
　　　　ENGINEERING JOINT STOCK COMPANY
【設立年月日】2003年1月22日
【資本金】150億VND
【代表者】Mr.Vo Chi Hieu
【売上 (2018年度)】471億5327万2606VND
【住所】Lot.C7/II, Road 2E, Vinh Loc I.Park,
　　　　Binh Chanh Dist, HCM City
【従業員数】90名

設立の背景とビジョン

❖ 設立にいたるまで

　TUAN PHUONG ELECTRIC ENGINEERING JOINT STOCK COMPANYの前身は1991年に設立された小規模な生産施設です。その後、1999年にTUANPHUONG電気機器有限会社を設立しました。2003年半ばにさらなる顧客のニーズの対応および生産規模を拡大するため、高・中・低電圧機器および美術品の鉄の内装と外装の生産・営業、亜鉛メッキの分野に携わる同社を設立しました。設立以来、同社は高い目標を掲げ、より良い商品の提供を目指しています。そして、パートナーや顧客から最も選ばれる企業へと成長しました。

❖ 創業者の理念・ビジョン

「明日は今日より進歩し、完璧を目指さなければならない」

自社の強み

❖ 他社と比較しての強み

　同社には経験豊富な従業員がいます。ISO 9001:2015規格に準拠したクロー

ズド生産プロセスで、同社は良質で、優れたデザインの商品を適切な価格で提供できる自信があります。同社は顧客の利益を第一に考え、電力会社および電気工事請負業者に最高品質の部品・機器を提供するだけではなく、最も大切な消費者の命の安全を確保するため、高い基準を満たす機器を提供することが必須条件となっています。提供している商品は品質が確保されているだけでなく、他社と比べて適正な価格で提供しており、幅広い顧客に提供できます。顧客に信頼される健全なビジネスで、きっとご満足いただけます。

実績

❖ これまでの建設実績

　同社は全社一丸となり、「明日は今日より進歩し、完璧を目指さなければならない」という理念に従って行動します。同社は1991年1人だった従業員から90人に規模を拡大しました。従業員の生活もますます向上しています。そして同社はいくつかの業績を達成しました。

　＋2002年TUVにより認証された品質管理システムISO 9001：2008の認証取得

　　品質マネジメントシステムISO 9001：2015の認証取得（2018年9月10日から有効、TUVによって認証されています）。

　＋2003年に建設業界のための金賞受賞

　＋2005年のベトナムブランドのゴールドカップ

　美術品の分野や住宅、民間ヴィラなどいくつものプロジェクトを実施しました。2区の38ヴィラのDai Quang Minh Salaプロジェクトが一例として挙げられます。

問い合わせ先

【社名】TUAN PHUONG ELECTRIC ENGINEERING JOINT STOCK COMPANY
【住所】Lot.C7/II, Road 2E, Vinh Loc I.Park, Binh Chanh Dist, HCM City
【電話番号】(+84) 903-803-579
【E-mailアドレス】tuanphuongcpcd@gmail.com
【担当者名】Vo Chi Hieu
【WEBアドレス】http://tuanphuong.com

COSFA JOINT STOCK COMPANY

会社概要　＊＊＊＊＊＊＊＊＊＊＊＊＊＊＊＊＊＊＊

【社 名】COSFA JOINT STOCK COMPANY
【設立年月日】2014年9月24日
【資本金】1千億ＶＮＤ
【代表者】Vu Thuan
【売上 (2018年度)】296億7246万3224VND
【住所】68 Nguyen Hue Street, Ben Nghe Ward, District 1,
　　　Ho Chi Minh City
【従業員数】20名

設立の背景とビジョン

❖ 設立にいたるまで

　CosFaは2014年に設立。同社は、現在ではベトナムを代表する建築会社であり、高い評価を得ています。クリエイティブで経験豊富なデザイナーのチームを擁し、高品質の製品と印象的な建築ソリューションのサプライヤーであることが誇りです。

❖ 創業者の理念・ビジョン

　ビジョン: 2020年までに市場に年間30万平方メートルの高級建築商品を提供すること。
　ビジョン: 同社は、現代的な建築プロジェクトの価値をさらに高めていきます。

自社の強み

❖ 他社と比較しての強み

　作業の効率化を図り、顧客に適正価格を提供すること。
　高品質のアルミ材料を活用すること。

❖ サービスの差別化について

　納得がいくまで顧客と議論を繰り返し、プロジェクトを進行します。建築ソリューションのコンサルティングです。

実績

❖ これまでの建設実績

URL: https://cosfa.com.vn/cong-trinh-tieu-bieu

プロジェクト名:ブンタウ国際会議センター
住所：ブンタウ
項目：アルミカバーシートの工事
請負業者：CKĐA.,JSC
契約金額：66億9090万4000 VND
完成：2011年

問い合わせ先

【社名】COSFA JOINT STOCK COMPANY
【住所】68 Nguyen Hue Street, Ben Nghe Ward, District 1, Ho Chi Minh City
【電話番号】(+84) 28.5401.3868
【E-mailアドレス】info@cosfa.vn
【担当者名】Do Loc
【WEBアドレス】https://cosfa.com.vn

DAI DUNG GREEN MATERIALS CORPORATION

会社概要　＊＊＊＊＊＊＊＊＊＊＊＊＊＊＊＊＊＊

【社　名】DAI DUNG GREEN MATERIALS CORPORATION
【設立年月日】2016年6月10日
【資本金】630億VND
【代表者】Trinh Nhien
【売上（2018年度）】110億VND
【住所】Lot D7b-1 Street 9, Hiep Phuoc Industrial part,
　　　　Nha Be, Ho Chi Minh City
【従業員数】約30名

設立の背景とビジョン

❖ 設立にいたるまで

　DAI DUNG GREEN MATERIALS CORPORATIONはコンクリート・ブロックの専門サプライヤーです。建設業界における環境に優しい建材使用の重要性を示す方針が、2010年4月28日に定められました。567/TTg番号である政府の方針に基づき同社が設立されました。

❖ 創業者の理念・ビジョン

　ベトナム最大ブランド企業リスト500社に入るDAI DUNGグループ。同社は会社の活動に携わっている人々を大切にし、安全・健康・環境の基準を満たし、顧客と社会の利益に貢献します。

自社の強み

❖ 他社と比較しての強み

　同社はホーチミンで、韓国の技術を導入し、動機および全自動工場を活用する初の企業です。大きな生産規模および先端技術により同社は適切に、安定的に、タイムリーに製品を提供しています。同社の製品は建設省の品質基準を満たしており、

105

独立専門検査機関で検査されています。

❖ サービスの差別化について

　同社はあらゆるプロジェクトに適用する持続可能なソリューションで建設業界をリードする企業です。最大限の省エネに努力し、政府が提唱する環境保護に基づき、初めてベトナムで生産に太陽光を適用した会社です。

実績

❖ これまでの建設実績

　ホーチミンおよび国内の各省で多くのプロジェクトを成功させました。
Vinh Loc Dgold アパート、7区D-VELA RESIDENCEマンション、区の委員会、機関施設、高級Carrilon 5マンション、Nha Be職業訓練センター、Cu ChiCenter Mall ショッピングセンター、Giai Viet Central Premium マンション、ＶＮＰＴ通信ビル、Lavida Plus マンション、Binh Dong Cho Lonビル、Binh Dang Plaza マンション、Hiep Phuoc 港通関所、学校、病院、工業団地などのプロジェクト

問い合わせ先

【社名】DAI DUNG GREEN MATERIALS CORPORATION
【住所】Waseco Building, No 10 Pho Quang Street, Ward 2, Tan Binh District, Ho Chi Minh City
【電話番号】+84-8-3 9976799 、+84 79 211 6336
【E-mailアドレス】Ddgthuongmai2@vatlieuxanhdaidung.vn
【担当者名】Ms. Yen（Sale Admin）
【WEBアドレス】http://vatlieuxanhdaidung.vn

E-POWER BUILDING ENGINEERING COMPANY LIMITED

会社概要 ＊＊＊＊＊＊＊＊＊＊＊＊＊＊＊＊＊＊＊＊＊＊＊＊＊＊＊＊＊＊

【社名】E-POWER BUILDING ENGINEERING
　　　　COMPANY LIMITED
【設立年月日】2009年5月5日
【資本金】220億VND
【代表者】Nguyen Tien Chin
【売上 (2018年度)】1910億VND
【住所】12th floor, Tower B, Song Da building, Pham
　　　　Hung street, My Dinh I, Nam Tu Liem, Hanoi
【従業員数】123名

設立の背景とビジョン

❖ 設立にいたるまで

　E-Power Building Engineering Co., Ltdは高級金属屋根、ガラス屋根、高級ガラス壁、アルミカバーなどの分野の設計コンサルティング、設計および施工のパイオニア企業です。

❖ 創業者の理念・ビジョン

戦略ビジョン

　先駆者として、持続可能なプロジェクトを積み重ねた同社はベトナム人の生活水準の向上と世界市場にベトナムブランドを確立するため、ベトナムの優良企業になることを目指しています。

ミッション

　顧客に高品質なサービスを適正価格で提供するため、同社は基本に忠実に、応用を重ねたデザインを提供します。

コアバリュー

　責任・正直・熱心・協調性・努力

自社の強み

❖ 他社と比較しての強み

　同社は創造的なアイデアのデザインソリューションを提供し、各プロジェクトに最適なコンサルティングを行います。

　ソリューションの提供、エンジニアリング、ルーフシステムの提案などです。

経営方針

①顧客の利益を大切にします　②高品質のサービスを提供します　③コミュニティを大切にします　④会社の事業全体を通じて、顧客、従業員、コミュニティの利益を調和させます　⑤団結、協力、文明化されたグループのモットーに基づき、企業文化を構築し、絶えず自分自身の学び、発展、情報交換を通じて共に進歩します　⑥高度な技術と科学情報管理は、同社の力を高め、維持するための基盤です　⑦スタッフは常に責任感を持ち、プロフェッショナリズムと創造性が同社の成功の基礎となります

❖ サービスの差別化について

- 適正価格で高品質を実現しています

実績

❖ 今までの建設実績

実施した各プロジェクトに関しては下記のリンク参照

https://www.epower.com.vn/du-an

問い合わせ先

【社名】E-POWER BUILDING ENGINEERING COMPANY LIMITED
【住所】12th floor, Tower B, Song Da building, Pham Hung street, My Dinh I, Nam Tu Liem, Hanoi
【電話番号】+84 24-6260-2761
【E-mailアドレス】info@epower.co.vn
【担当者名】Bui Thi Dao
【WEBアドレス】http://www.epower.com.vn

SĕAH　SĕAH Steel Vina Corporation

会社概要 ＊＊＊＊＊＊＊＊＊＊＊＊＊＊＊＊＊＊＊＊＊＊＊＊＊＊＊＊＊＊＊

【社　名】SĕAH Steel Vina Corporation
【設立年月日】1995年8月8日
【資本金】859,940,000,000USD
【代表者】Cho Jin Ho
【売上（2018年度）】150,692,000 USD
【住所】No.7 , 3A Street, Bien Hoa II Industrial
　　　　Zone, Dong Nai Province
【従業員数】500名

設立の背景とビジョン

❖ 設立にいたるまで

　SĕAH Steel Vina Corporationは、国家インフラストラクチャー建設の主要製品の1つである鋼管製造の大手メーカーとして、ベトナム経済において重要な役割を果たしています。最も注目すべきことは、同社が米国市場に輸出したベトナムで最初の鋼管メーカーだということです。同社は日本、オーストラリア、イギリスなどを含む多くの国々と取引し、世界市場に進出することに成功しました。

❖ 創業者の理念・ビジョン

　ますます多様化する顧客のニーズを満たすために、製品・サービスを含む全ての面の品質を改善するように努力し、国内市場と世界市場に参入する過程で当社のダイナミックで持続的な発展を維持しています。

自社の強み

❖ 他社と比較しての強み

・圧力管を専門とするAPI・ASTM A 53Bに準拠した管で、管壁の厚さが最大12mmの鋼管を製造できるベトナムで唯一の会社です。機械部品は部品輸入成形パイプを交換することができます。

- ・様々な種類のパイプエンドを備えたスチールパイプも製造しています。
- ・高度な技術を用いた鋼管製造業における50年の経験があります。
- ・高度な品質管理システム。同社の製品は最新のラインで厳密に管理しています。特に、パイプはベトナムで最もユニークな暖房システム（Seam annealer）を介した溶接によって処理されます。
- ・2007年Poscoと戦略的パートナーになりました。現在、Poscoと共同で、鋼管API製造用材料の研究開発を行っています。
- ・製品の品質を保証するため、品質管理システムを構築し、定期的にBVQI、American Petroleum Institute、Underwriters Laboratories Inc.などの第三者機関によって品質確認されています。(UL)、FM承認 - Global Group FMのメンバー、Det Norske Veritas AS、品質測定3テクニカルセンターという品質認証を得ています。

❖ サービスの差別化について

　海外の専門家による生産管理において、同社は最も効果的な方法で顧客の要望を理解し、満たすことができます。

実績

❖ これまでの建設実績

URL: https://seahvina.com.vn/du-an.html参照

問い合わせ先

【社名】SeAH Steel Vina Corporation
【住所】No.7, 3A Street, Bien Hoa II Industrial Zone, Dong Nai Province
【電話番号】+84 93 800 1413 – +84 251 3833 733
【E-mailアドレス】seahsales@gmail.com, seahsales@seahvina.com
【担当者名】Nguyen Ngoc Thien Huong
【WEBアドレス】http://www.seahvina.com

CIC KIEN GIANG CONSTRUCTION CONSULTANCY JOINT STOCK COMPANY

会社概要　＊＊＊＊＊＊＊＊＊＊＊＊＊＊＊＊＊＊＊＊＊＊＊＊＊＊＊

【社名】CIC KIEN GIANG CONSTRUCTION
　　　　CONSULTANCY JOINT STOCK COMPANY
【設立年月日】2018年10月15日
【資本金】5,000,000,000VND
【代表者】LE QUANG TUAN
【住所】34 Tran Phu Street, Vinh Thanh Ward, Rach Gia
　　　　City, Kien Giang Province
【従業員数】96名

設立の背景とビジョン

❖ 設立にいたるまで

　CIC KIEN GIANG CONSTRUCTION CONSULTANCY JOINT STOCK COMPANYは、水道局傘下の水道設計企業、建設局傘下の民間設計企業および交通局傘下の交通調査設計企業が合併し、1992年に設立されたKien Giang建設投資コンサルタントホールディング（旧Kien Giang建設コンサルタント会社）から分社化されたものです。

❖ 創業者の理念・ビジョン

- 企業のブランド強化のために以下の目標に向かって活動しています。

+ 毎年10〜15％の成長率を維持し、配当率は年に20％以上。

+人的育成計画を図り、量と質、専門性・知識の高い人材を確保。プロの企業としてスタッフ全員が会社で働くことを誇りに思うように、スタッフのキャリアを高める機会を提供します。

+マーケティング活動の促進およびマスメディアを通じた同社のイメージの広告活動を促進することで、業界および市場における同社のブランドを向上させます。 ISO 9001：2015に準拠した品質管理システムを常に維持しています。

自社の強み

❖ 他社と比較しての強み

　スタッフは、ハノイ建築大学、ホーチミン市建築大学、ホーチミン市工科大学、鉱業地質大学、ホーチミン市経済大学、カントー大学などの一流大学を卒業しています。　豊富な知識と経験、若い力を原動力に、同社は建設分野に多くの新しい技術を適用し、建設コストの適正化、工事品質の向上を目指しています。

+ 建築活動と関連する技術コンサルタント、建築設計：工事設計建築、ランドスケープ建築、造園と装飾。民間用および工業用建造物の設計、橋・道路・水利工事施工、鉄骨構造の設計、技術的インフラストラクチャーの設計、中低電圧送電線の設計、防火システムの設計、電気設計、セキュリティ保護システム設計など。通信システムの設計、橋・道路・交通工事、土木工事および建設、工事の監督、測量地図作成サービス地質および建設地形の調査建設価格設計文書の検証。コスト見積もり投資プロジェクトを立てる環境影響評価報告書の作成。プロジェクトの入札。

+ 専門デザイン活動：内・外装装飾

+ 技術的検査と分析：建設工事の検査、コンクリートの機械的強度と構造の検査。設計書の検証。

実績

❖ これまでの建設実績

URL: http://cicgroups.com/du-an.html

問い合わせ先

【社名】CIC KIEN GIANG CONSTRUCTION CONSULTANCY JOINT STOCK COMPANY
【住所】34 Tran Phu Street, Vinh Thanh Ward, Rach Gia City, Kien Giang Province
【電話番号】+84 773.874660
【E-mailアドレス】ctytvxdg@ciic.com.vn
【担当者名】—
【WEBアドレス】http://www.cickg.com

⋦INSEE Siam City Cement (Vietnam) Limited

会社概要　＊＊＊＊＊＊＊＊＊＊＊＊＊＊＊＊＊＊＊＊＊＊＊＊＊＊

【社 名】Siam City Cement (Vietnam) Limited
【設立年月日】1994年
【資本金】—
【代表者】Phillippe Richard
【売上（2018年度）】—
【住所】11 Doan Van Bo Street, 4 District, Ho Chi Minh City
【従業員数】1,100 名

設立の背景とビジョン

❖ 設立にいたるまで

　1994年の創業以来、Siam City Cement (Vietnam) Limitedは南ベトナムで有数のセメントおよび廃棄物処理のリーディングカンパニーになりました。同社は5つのセメント工場と4つのコンクリートバッチ処理工場に1,100人以上のスタッフが勤務しています。セメント総生産量は610万トンに達し、ベトナムの国内セメント需要の9％近くを満たしています。

❖ 創業者の理念・ビジョン

ビジョン：同社は建材業界のリーディングカンパニーを目指します。
使命：同社は、生活をより豊かにするため、世界レベルの建築材料と持続可能な建設ソリューションを提供します。

自社の強み

❖ 他社と比較しての強み

　INSEEセメントは、顧客の厳格な技術的要求を満たす高品質のセメントおよびコンクリート製品（プレミアム製品）の会社です。ベトナム市場では、天然資源の開拓を最小限に抑えるために、持続可能な建設ソリューションと代替の建設資材

を適用するリーディングカンパニーです。

❖ サービスの差別化について

　同社は、ベトナム・グリーン・ビルディング・カウンシル（VGBC）のグリーン製品データベースに製品を持つベトナムで最初のセメント会社です。さらに同社は、シンガポール・グリーン・ビルディング・カウンシル（SGBC）によって認証されたグリーンラベルを達成したベトナムで最初の会社です。同社の製品は、従来の製品よりもCO_2排出量が約24％少なくなっています。

実績

❖ これまでの建設実績

①シンガポールのACES賞評議会（アジア企業優秀賞および持続可能性賞 - 優秀な事業および持続可能な開発のための賞）による「グリーン企業賞」　②首相による視察、ベトナム経済人会議主催の持続可能な開発企業トップ100に2年連続選出　③インベストメント・ブリッジのマガジンによる「典型的な建設＆供給材料建設企業」に2年連続（2017年と2018年）選出
④Vietnam ReportおよびVietnamnetの新聞でランク付けされたトップ10の建設資材企業
⑤建築材料協会の投票により、「トップ製品/サービス - 21世紀の品質のため建築材料の持続可能な開発」企業に選出

問い合わせ先

【社名】Siam City Cement (Vietnam) Limited
【住所】11 Doan Van Bo Street, 4 District, Ho Chi Minh City
【電話番号】+84 28 73 017 018
【E-mailアドレス】connection-vnm@siamcitycement.com
【担当者名】Ta Thi Thu Thuy
【WEBアドレス】http://insee.com.vn/en

SQ VIET NAM CORPORATION

会社概要　＊＊＊＊＊＊＊＊＊＊＊＊＊＊＊＊＊＊＊＊＊＊＊＊＊＊＊＊＊

【社 名】SQ VIET NAM CORPORATION
【設立年月日】2002年3月20日
【資本金】3,000,000,000VND
【代表者】Ly Dinh Quan（代表取締役会長）
　　　　　Tran Minh Thang（代表取締役社長）
【売上 (2018年度)】5,560,000,000VND
【住所】14 Ha Huy Tap Street, Xuan Ha Ward, Thanh
　　　Khe District, Da Nang City
【従業員数】18 名

設立の背景とビジョン

❖ 設立にいたるまで／創業者の理念・ビジョン

　2002年3月20日、同社の前身であるSQ 有限会社が設立されました。同時に、SQ Nha TrangとQuang Tri SQという2つのグループ企業も設立。これらは中部および中部の高地における防火分野の先駆的な企業でした。

自社の強み

❖ 他社と比較しての強み／サービスの差別化について

　設立から17年近くにわたり、同社は着実に実績を積み上げ、ベトナム中部において、高品質な防火ソリューションのブランドを確立しました。そのブランド力を維持するため、開発を通して、同社は常に顧客のニーズに応え、安全で、適正コストの実現に努力しています。同社はまた、Hochikiブランドなど、世界の有名企業からのトレーニングと技術移転にも力を注いでいます。最先端の建設機器を備え、高度に熟練した専門的な技術者のチームを擁しています。

実績

❖ これまでの建設実績

　防火とメンテナンス機能を備え、中部地域の防火業界で一流のSQブランドを確立してきました。

　同社が受賞したものの中では、ベトナム製ゴールドグローブ、ゴールデンロータスカップ、Bach Thai Buoi賞、21世紀のベトナム起業家、ダナンが同社の会長兼社長に与えたダナンの代表的な起業家の賞などがあります。さらに、ダナン人民委員会より2005年から2010年まで5年間の愛国的なエミュレーションの兵士が授与されました。

　ダナン税務部、企業連合会より同社に賞が与えられたことも、同社の継続的成長の強力な証です。

URL: http://www.sqvietnam.vn/du-an/8/du-an-da-thuc-hien/

問い合わせ先

【社名】SQ VIET NAM CORPORATION
【住所】14 Ha Huy Tap Street, Xuan Ha Ward, Thanh Khe District, Da Nang City
【電話番号】+84 2363.723.666
【E-mailアドレス】hant@sqvietnam.vn
【担当者名】Nguyen Thi Ha
【WEBアドレス】http://www.sqvietnam.vn/

Vietnam Design and Construction Technology Joint Stock Company

会社概要 ＊＊＊＊＊＊＊＊＊＊＊＊＊＊＊＊＊＊＊＊＊＊＊＊＊＊＊＊＊＊＊＊

【 社 名 】Vietnam Design and Construction Technology
　　　　　Joint Stock Company
【設立年月日】2011年5月5日
【資本金】15,000,000,000VND
【代表者】Nguyen Xuan Tai
【売上 (2018年度)】17,346,272,533VND
【住所】No.36 Tan Do, Hoang Quoc Viet Street, Nghia Tan
　　　　Ward, Cau Giay District, Hanoi City
【従業員数】20名

設立の背景とビジョン

❖ 設立にいたるまで

　Vietnam Design and Construction Technology Joint Stock Companyは
2011年5月5日に設立されました。主な事業分野は土木および産業建設、都市開発、
商業、機械設置およびスマートホームソリューション、工業団地や都市部への投資
です。設立以来、同社は多くの重要プロジェクトの建設を実施し、国内外の投資家
に高く評価されました。顧客からの信頼を得るために、同社はチームワークを重視
し、信頼と誠意ある活動をしています。その方針を全社員に浸透させるべく、社員
教育を欠かしません。同社は人財を最優先します。同社のため、愛社精神を持ち、顧
客のために尽力するチームを構築し、スタッフを成長させます。世界の大手企業、
ベトナムの研究機関や大学との連携により、従業員向けの短期・長期のトレーニ
ングコースを設けています。「お客様の成功はDECOVINの成功である」と考え、
常に最新の建設技術を積極的に顧客に提供し、効率化を図るため、新しい技術を適
用することのメリットを顧客に合意していただき、進めています。また、定期的に
顧客と情報交換の機会を設け、顧客の要求を把握しています。顧客と深く、長期的
な協力関係を築いています。同社は、そのコアバリューに基づき、ベトナムでも
有数の大手グループの1つになることを目指しています。また、政府機関、国内外

のパートナーから協力を得たいと考えています。

❖ 創業者の理念・ビジョン

　人財は事業開発の中枢です。顧客へのサービス提供のため、品質向上、マネジメント力強化に努めています。設立から15年以内の目標は強力な建設会社となり、国の発展に貢献することです。

自社の強み

❖ 他社と比較しての強み

　仕事に使命感を持ち、それに値するスキルを持ち合わせた経験豊富なチームであることを自負しています。

❖ サービスの差別化について

　丁寧に、顧客に寄り添い、目標達成に導きます。

実績

❖ これまでの建設実績

URL: https://decovin.vn/du-an.html

- 45階の高層ビル設計プロジェクト
- Fedex Vietnam, Ariston Vietnamの建設工事

問い合わせ先

【社名】Vietnam Design and Construction Technology Joint Stock Company
【住所】No.36 Tan Do, Hoang Quoc Viet Street, Nghia Tan Ward, Cau Giay District, Hanoi City
【電話番号】+84 904 169 996
【E-mailアドレス】tainx@decovin.vn
【担当者名】Nguyen Xuan Tai
【WEBアドレス】https://decovin.vn

QUANG ARMY COMPANY LIMITED

会社概要 ＊＊＊＊＊＊＊＊＊＊＊＊＊＊＊＊＊＊＊＊＊＊＊＊＊＊＊＊＊＊＊

【社 名】QUANG ARMY COMPANY
　　　　　LIMITED
【設立年月日】2011年9月5日
【資本金】15,000,000,000VND
【代表者】HUYNH THANH QUANG
【売上 (2018年度)】―
【住所】43 DUY TAN, HOA THO TAY WARD,
　　　　HAI CHAU DISTRIC, DA NANG CITY
【従業員数】―

設立の背景とビジョン

❖ 創業者の理念・ビジョン

　2011年初め、QUANG ARMY COMPANY LIMITEDは、生活する人たちが更に豊かな暮らしを実現することを願い、Lien Chieu地域、Son Tra地域、Ngu Hanh Son地域で建設プロジェクトを拡大しました。

　特にダナンとベトナム中部で著名な企業になることを目指しています。顧客のニーズを実現し、技術力を徹底的に標準化することで、同社は長年にわたりその評判を上げる努力をしています。

　同社のチームは、プロジェクトの品質を常に重視しています。技術スタッフは、標準化された会社のプロセスに基づき、スキルを向上すること、学習することが常に必要です。スタッフは常に安全性を最優先に考えています。

　事業の存続のため、全社員が役割を果たします。投資家へのコミットメントは全社員のプライドであり、実現のための努力が必要です。建設工事において最も重要なことは、顧客との約束を遵守し、品質を保証することです。常にメンテナンスと各プロジェクトへの品質保証に焦点を当てています。

　同社は、グローバル革命4.0における各手順を、業務遂行のプロセスに準拠させています。最高品質を提供するため、日々マネジメント力、組織力を高める努力をしています。

自社の強み

❖ 他社と比較しての強み

　同社は組織力が強いプロフェッショナル集団です。顧客をサポートする役割として、同社は顧客が仕事を見越して、安心していただけるよう、建設プロセスを構築し、できるだけ可視化しています。

❖ サービスの差別化について

　常にプロフェッショナルで献身的なサービスを提供します。

実績

❖ これまでの建設実績

　百貨店複合兼高級マンションプロジェクトの建設。Da NangのHai Chau人民委員会から7年間賞を受賞し、Da Nangの街の姿を変えることに貢献しました。

問い合わせ先

【社名】QUANG ARMY COMPANY LIMITED
【住所】43 DUY TAN, HOA THO TAY WARD, HAI CHAU DISTRIC, DA NANG CITY
【電話番号】+84 236.651.7777 – +84 982 21.94.94
【E-mailアドレス】quangarmy2015@gmail.com
【担当者名】HUYNH THANH QUANG
【WEBアドレス】―

VIET HUY BUILDING MATERIAL TRADING JOINT STOCK COMPANY

会社概要　＊＊＊＊＊＊＊＊＊＊＊＊＊＊＊＊＊＊＊＊＊＊＊＊＊＊＊

【社 名】VIET HUY BUILDING MATERIAL TRADING
　　　　JOINT STOCK COMPANY
【設立年月日】2006年2月23日
【資本金】150億VND
【代表者】DOAN THI THANH NGA
【売上（2018年度）】700億VND
【住所】151 Bach Dang Street, 2 Ward, Tan Binh District, Ho
　　　　Chi Minh City
【従業員数】50名

設立の背景とビジョン

❖ 設立にいたるまで

　創業以来、VIET HUY BUILDING MATERIAL TRADING JOINT STOCK COMPANYは常に発展し続けており、全社の高い連帯を目指して努力しています。国内の主要なプロジェクトを建設資材市場に提供し、カンボジア、シンガポール、マレーシア、韓国、日本などのアジア市場に輸出することを目指しています。

❖ 創業者の理念・ビジョン

　品質 - 効率性 -プライド

自社の強み

❖ 他社と比較しての強み

　価格と適切なサービス

❖ サービスの差別化について

　品質保証および納期通りに納品することです。請負業者やパートナーから絶大

な信頼を得ており、同社の製品は建設過程同様、品質においても顧客に満足されています。同社の経営方針は、「会社の評価とは製品の品質である！」です。同社がお約束するサービス方針は、高品質の製品をオリジナル価格で提供することです。

実績

❖ これまでの建設実績

URL: http://gachngoiviethuy.com/danh-sach-khach-hang-va-cong-trinh-tieu-bieu-ad71.html

バオベトビル
（穴あきれんが、セメントの供給）

9区のハイテクパーク
（穴あきれんがの供給）

フルマリゾート・inダナン
（穴あきれんがの供給）

問い合わせ先

【社名】VIET HUY BUILDING MATERIAL TRADING JOINT STOCK COMPANY
【住所】151 Bach Dang Street, 2 Ward, Tan Binh District, Ho Chi Minh City
【電話番号】+842835006758
【E-mailアドレス】vietda@gachngoiviethuy.com
【担当者名】Dinh Anh Viet
【WEBアドレス】http://gachngoiviethuy.com

ARPHAN ARCHITECTURE CONSTRUCTION & INVESTMENT CORPORATION

会社概要　＊＊＊＊＊＊＊＊＊＊＊＊＊＊＊＊＊＊＊＊＊＊＊＊＊＊＊＊＊＊＊＊

【社名】ARPHAN ARCHITECTURE CONSTRUCTION &
　　　　INVESTMENT CORPORATION
【設立年月日】2010年12月
【資本金】200億VND
【代表者】Phan Van Thuan
【売上（2018年度）】12,600,000,000VND
【住所】2/2/7 Lo Sieu Street, 16 Ward, 11 District, Ho Chi
　　　　Minh City
【従業員数】15名

設立の背景とビジョン

❖ 設立にいたるまで

　2004年から2006年にかけて、ベトナムは6.5％から7.3％のGDP成長を続けました。都市化は進み、不動産セクターが急速で力強い発展をし、建設プロジェクトは大幅に増加しました。しかし高いレベルの専門性および専門知識を有する企業の数は非常に少なかったので、2010年にARPHAN Construction & Investment Joint Stock Companyが設立されました。国際基準を満たすプロフェッショナルサービスを提供します。

❖ 創業者の理念・ビジョン

　顧客とパートナーを大切にします。
-社員は貴重な資産、強みです。才能と誠実さを尊重します。
-謙虚で一所懸命に創造的な仕事をすることが大切です。
-困難は創造性を生み出すための原動力となります。創造性は発展の原動力となります。
-製品やサービスは、環境を尊重し、市場と生活の動き、顧客とプロジェクト投資主のニーズに応じて創造的に対応しなければなりません。
　ビジョン：ベトナムと多くのアジア諸国は長期にわたる不動産開発と強い建設

市場を持っています。会社を常に国際基準に合わせます。

自社の強み

❖ 他社と比較しての強み

　同社には、ヨーロッパ、アジア、米国など、先進国の多くの組織や企業で現場経験を踏んだ専門家チームがあります。

❖ サービスの差別化について

-顧客やプロジェクト投資家を中心として誠心誠意、丁寧なサービス提供すること

-品質、審美性、快適さ、徹底的な思考、そしてリーズナブルな価格の商品とサービスを提供すること

-合理的な投資コストで無駄のない工事を顧客やプロジェクト投資家にアドバイスすること

-サービスと製品が完成するまで、顧客との話し合いを重ねること

-顧客のニーズに合わせて、高品質なサービスの提供について努力を惜しまないこと

-環境を守り、自然と調和させること

2015年にハノイで開催されたARPHAN の表彰式の写真

実績

❖ これまでの建設実績

-多くのプロジェクトの設計・建設：工業団地、工場、リゾート、高級ホテル、高層マンションなど

問い合わせ先

【社名】ARPHAN ARCHITECTURE CONSTRUCTION & INVESTMENT CORPORATION
【住所】2/2/7 Lo Sieu Street, 16 Ward, 11 District, Ho Chi Minh City
【電話番号】+84 91 242 8963
【E-mailアドレス】Phanthuankts@gmail.com
【担当者名】Phan Van Thuan
【WEBアドレス】—

MECHANICAL WORKS AND CONSTRUCTION INVESTMENT JOINT STOCK COMPANY NO 9

COMA 9

会社概要 ＊＊＊＊＊＊＊＊＊＊＊＊＊＊＊＊＊＊＊＊＊＊＊＊＊＊＊

【社 名】MECHANICAL WORKS AND CONSTRUCTION INVESTMENT JOINT STOCK COMPANY NO 9
【設立年月日】1999年7月7日
【資本金】45,000,000,000VND
【代表者】NGUYEN TU NGUYEN
【売上（2018年度）】4,800億VND
【住所】6-8 THACH THI THANH STREET, TAN DINH WARD, 1 DISTRICT, HO CHI MINH CITY
【従業員数】120名

設立の背景とビジョン

❖ 設立にいたるまで

　MECHANICAL WORKS AND CONSTRUCTION INVESTMENT JOINT STOCK COMPANY NO 9は以前は建設・エンジニアリング会社第9号として知られていましたが、現在建設機械株式会社に属しています。

❖ 創業者の理念・ビジョン

　同社は建設および室内装飾の分野でベトナム国内のトップを目指し、努力しています。同社の発展は、社会の発展、地域社会の利益、世界の発展、そしてベトナム文化の創出につながります。

自社の強み

❖ 他社と比較しての強み

　同社は、リゾート地を特に得意としています。土木および工業プロジェクトの建設、住宅地およびアパートホテルやレストラン、病院、学校、杭打ち基礎、工場建設を実施しています。観光地、住宅地、高級マンション、高級ホテル、病院などの土

木工事の実績があります。

❖ サービスの差別化について
顧客との契約に忠実に取り組みます。

実績

❖ これまでの建設実績
URL: http://coma9.vn/project/page/cao-oc-van-phong-trung-tam-thuong-mai.html

観 光 地：Pandanus-Phan Thiet、Eden、Phu Quoc、Mui Ne Bay-Phan Thiet、Bien Xanh-Phan Thiet、Saigon-Ham Tan-Phan Thiet、Ta Kou

ケーブルカー：Binh Thuan

住宅地、マンション（ホーチミン）：Riviera Cove高級ヴィラ - 9区、Lake View市住宅地 - 2区、Palm Residence住宅地- 2区、Phuong Vietのタウンハウスエリア - 8区、アパートメントD07 - 2区、Tân Phú RSR サービスの商業複合施設2、Tan Phu地区

レストラン、ホテル：Saigon-Da Latホテル、Sai Gon- Quy Nhon ホテル、Tram Huong-Nha Trang ホテル

病院：ホーチミン市癌病院、Can Tho結核と肺病院、第2期Bac Lieu 総合病院

問い合わせ先

【社名】MECHANICAL WORKS AND CONSTRUCTION INVESTMENT JOINT STOCK COMPANY NO 9
【住所】6-8 THACH THI THANH STREET, TAN DINH WARD, 1 DISTRICT, HO CHI MINH CITY
【電話番号】+84 (28) 38208558 - 38230629
【E-mailアドレス】info@coma9.vn
【担当者名】Nguyen Thu Uyen
【WEBアドレス】http://coma9.vn

D12 DESIGN COMPANY LIMITED

会社概要 ✱✱✱✱✱✱✱✱✱✱✱✱✱✱✱✱✱✱✱✱✱✱✱✱✱✱✱✱

【社 名】D12 DESIGN COMPANY LIMITED
【設立年月日】2018年7月1日
【資本金】20億万VND
【代表者】Chu Van Dong
【売上 (2018年度)】—
【住所】Lot 30-Ha Cau Tourism Service Group, Ha Cau,
　　　　Ha Dong District, Ha Noi
【従業員数】5名

設立の背景とビジョン

❖ 創業者の理念・ビジョン

　D12 DESIGN COMPANY LIMITEDはホテル、オフィス、住宅の建築デザイン企業です。各プロジェクトでは、利用機能、環境に優しい建材および独自性を大切にします。各プロジェクトは個性があり、顧客のニーズに応えます。そのため、各プロジェクトは形式、機能および素材が異なります。同社は、環境に優しい天然素材の使用を優先しています。同社の各プロジェクトへのアプローチは、既存の景観の本質を尊重し、保全に万全を尽くし、自然と調和することを大切にしています。

自社の強み

❖ 他社と比較しての強み

　同社は、多くの独自で新しいアイデアを持つ若い集団です。環境に優しく、オープンなスペースに向けて、住宅、小さな観光地などに多くのソリューションを提供します。

実績

❖ これまでの建設実績

2016 -フォレストハウス, Stone House, Small House他

2017 –庭の家他

2018 – フォレストハウス02など

問い合わせ先

【社名】D12 DESIGN COMPANY LIMITED
【住所】Lot 30-Ha Cau Tourism Service Group, Ha Cau, Ha Dong District, Ha Noi
【電話番号】+84 374 138 171
【E-mailアドレス】D12design.vn@gmail.com
【担当者名】Chu Van Dong
【WEBアドレス】http://d12design.vn

ACCESS DESIGN LAB CONSULTANTCY JOIN STOCK COMPANY

会社概要 ＊＊＊＊＊＊＊＊＊＊＊＊＊＊＊＊＊＊＊＊＊＊＊＊＊＊＊＊

【社 名】ACCESS DESIGN LAB CONSULTANTCY
　　　　 JOINT STOCK COMPANY
【設立年月日】2017年1月7日
【資本金】10億VND
【代表者】Tran Quang Trung
【売上（2018年度）】55億VND
【住所】40A Hang Bai street, Hoan Kiem District, Ha Noi
【従業員数】18名

設立の背景とビジョン

❖ 創業者の理念・ビジョン

Go with us to ACCESS the FUTURE

各プロジェクトは、建設現場（ロケーション）、投資家の要求（ファンクション）、そして建築者の審美的な見方（ビューテイ）が交錯するユニークなものです。

自社の強み

❖ 他社と比較しての強み

ACCESS design labはクローズドプロセスによる設計コンサルティング、投資家のアイデアから建設、運用までプロジェクトを実施する建築設計・内装・ランドスケープに関するコンサルティングをする企業です。

❖ サービスの差別化について

プロフェッショナル、フレキシブル、パーフェクトを確保します。

実績

❖ これまでの建設実績

＊Tay Ho View Twin Towers Architectureコンテストで2位

＊SONASEAクアンビンリゾートコンプレックスアーキテクチャーコンペティ
ション2位

＊ホーグアムホテル建築コンクール2位

＊FPTタワーアーキテクチャーコンテスト3位

多くのプロジェクトを実施しています。

問い合わせ先

【社名】ACCESS DESIGN LAB CONSULTANTCY JOINT STOCK COMPANY
【住所】40A Hang Bai street, Hoan Kiem District, Ha Noi
【電話番号】+84 983-609-804
【E-mailアドレス】trungtran.access@gmail.com
【担当者名】Tran Quang Trung
【WEBアドレス】http://accessdesignlab.com

AN LOC PHAT CONSTRUCTION JOINT STOCK COMPANY

会社概要 ＊＊＊＊＊＊＊＊＊＊＊＊＊＊＊＊＊＊＊＊＊＊＊＊＊＊＊＊＊

【社　名】AN LOC PHAT CONSTRUCTION JOINT
　　　　　STOCK COMPANY
【設立年月日】2016年6月15日
【資本金】15,000,000,000VND
【代表者】Nguyen Thang Thinh
【売上（2017年度）】58,492,843,241VND
【売上（2018年度）】30,305,042,595VND
【住所】109 Hoang Van Thai, Khuong Trung Ward, Thanh
　　　　Xuan District, Hanoi
【取引所】88 Vong Street, Phuong Mai Ward, Dong Da
　　　　District, Hanoi
【従業員数】30名

設立の背景とビジョン

❖ 設立にいたるまで

　AN LOC PHAT CONSTRUCTION JOINT STOCK COMPANYは、ベトナム運輸省の傘下である鉄道建設株式会社（RCC）国営企業のメンバー数名で設立されました。橋、道路、トンネル、土木および産業プロジェクトの建設を主に行っています。特に、運輸省の下で国営企業の前任者を持つメンバーのチームなので、国の多くの主要プロジェクト、高度技術で大規模な外国投資資本の建設に関与した経験が多いことが特徴です。100人以上の経験豊富なスタッフ、エンジニア、テクニカルワーカーのチームと共に、建設市場を統合するために最先端の技術を適用し、プロジェクトを推進しています。

❖ 創業者の理念・ビジョン

　同社の指針は次の6つの精神です。
　心、知、信、プロフェッショナリズム、標準化、改善

使命・ビジョン

-ベトナム人の生活水準を上げます

-顧客のメリットを最優先し、最高品質の製品、適正価格を顧客にお届けするよう
　努めます

-国内市場および海外市場を開拓します

-利益創出と成長持続を実現します

自社の強み

❖ サービスの差別化について

同社のコミットメント

　同社は顧客に最高品質の製品を提供します。

・高品質の建設：同社のすべてのプロジェクトと建設品目は、適切な技術的手順
　を踏むように管理されています。

・目標達成：あらゆる困難な状況において、同社は常に最善を尽くし、目標を達成
　します。

・環境保護：環境を保護します。

・保証：すべてのプロジェクトに最低12カ月間の保証を付けています。

実績

❖ これまでの建設実績

-2016年7月15日、Hung Nhon 橋の建設 - Vo Van Kiet StreetからHCMC-
　Trung Luong高速道路までの道路区間をBOT形式で建設、投資プロジェクト

-2017年1月18日　建設工事の建設に関するCat Linh - Ha Dong天井鉄道の
　上層階の建設など

問い合わせ先

【社名】AN LOC PHAT CONSTRUCTION JOINT STOCK COMPANY

【住所】88 Vong Street, Phuong Mai Ward, Dong Da District, Hanoi

【電話番号】+84 24 3373 1888

【E-mailアドレス】Anlocphat16.jsc@gmail.com

【担当者名】Nguyen Tat Dat

【WEBアドレス】—

SAI GON LANDSCAPE ARCHITECTURE CONSTRUCTION JOINT STOCK COMPANY

会社概要 ＊＊＊＊＊＊＊＊＊＊＊＊＊＊＊＊＊＊＊＊＊＊＊＊＊＊＊＊＊＊＊

【社 名】SAI GON LANDSCAPE ARCHITECTURE CONSTRUCTION JOINT STOCK COMPANY
【設立年月日】2015年1月19日
【資本金】1,900,000,000VND
【代表者】Pham Trong Lam
【売上（2018年度）】20億VND
【住所】72 Nguyen Ba Tuyen, 12 Ward, Tan Binh District, Ho Chi Minh City
【従業員数】12名

設立の背景とビジョン

❖ 設立にいたるまで

　SAI GON LANDSCAPE ARCHITECTURE CONSTRUCTION JOINT STOCK COMPANYは、建築家、エンジニア、経済学者、社会学者など、専門家の経験を集約させた会社です。総合計画、都市デザイン、建築デザイン、内外装、ランドスケープのコンサルティングサービスと製品の提供に注力しています。同社の考えは、成功はすべて、顧客の要望、幅広い知識に基づく専門家の創造性、熱意、そしてサービスへのこだわりが調和した組み合わせでなければならないということです。そして、人財を適材適所で使い、顧客にとって最高のものを創造します。

❖ 創業者の理念・ビジョン

理念：同社の各製品は、常に顧客に付加価値をもたらすことを約束した4Eによって成立しています。

(1)癒やしのエコスペース

(2)環境との調和

(3)最適エネルギーの活用

(4)適正価格で実現する設計ソリューション

ビジョン：同社はベトナムで高品質の製品とサービスを提供する大手プロフェッショナル・コンサルタントとなり、信頼できるパートナーとなります。地域社会の貢献に責任を持ち、人財育成のための最適な環境を提供したいと思います。

自社の強み

❖ 他社と比較しての強み

同社は建築家集団のため、文化、伝統、そして各地域の素材を生かそうという想いと知識を兼ね備えています。

❖ サービスの差別化について

高いローカライゼーションと絶え間ない創造性。

実績

❖ これまでの建設実績

URL: http://salavn.com/#du-an

4年間の運営期間を経て、同社はホーチミン市、Binh Duong省、Kien Giang Phu Quoc省を中心に約100件の景観および建築プロジェクトを設計しました。

継続的成長の強力な証です。

URL: http://www.sqvietnam.vn/du-an/8/du-an-da-thuc-hien/

問い合わせ先

【社名】SAI GON LANDSCAPE ARCHITECTURE CONSTRUCTION JOINT STOCK COMPANY
【住所】72 Nguyen Ba Tuyen, 12 Ward, Tan Binh District, Ho Chi Minh City
【電話番号】+84 862793399
【E-mailアドレス】Phamlam.sala@gmail.com
【担当者名】Pham Trong Lam
【WEBアドレス】http://www.salavn.com

HAWEE INDUSTRIAL CONSTRUCTION JOINT STOCK COMPANY

会社概要　＊＊＊＊＊＊＊＊＊＊＊＊＊＊＊＊＊＊＊＊＊＊＊＊＊＊＊＊＊

【社 名】HAWEE INDUSTRIAL CONSTRUCTION
　　　　 JOINT STOCK COMPANY
【設立年月日】2011年11月
【資本金】50,000,000,000VND
【代表者】Tieu Thanh Long
【売上 (2018年度)】183,006,698,585VND
【住所】Lot D2 Auction of Land Use Rights, Van Phuc, Ha
　　　　Dong, Hanoi
【従業員数】550名

設立の背景とビジョン

❖ 設立にいたるまで

2004年–Hawee株式会社設立

2006年–Hawee 電機工業株式会社設立

2011年–Hawee工場の竣工式、Hawee生産＆トレーディング株式会社設立

2015年– 1億5000万ドルの売上高を達成

2016年– Hawee Industrial Construction Joint Stock Company設立

2017年–東南アジア市場での開発の拡大

❖ 創業者の理念・ビジョン

Haweeの使命：
　-完璧なベトナムブランド製品の作成と構築
　-従業員と地域社会の生活の質の向上
Haweeのビジョン：
　-機械工学と建設の分野で一流の国際的品質企業になる
Haweeのコアバリュー：
　-スピードとイノベーション

自社の強み

❖ 他社と比較しての強み

　10,000平方メートル以上の電気および機械設備を生産する工場を所有することで、材料、設備の生産、技術進歩要件を柔軟に満たすことができます。同社は4つの最新技術生産ライン（CNC-TRUMPF）を備えており、高精度で均一な製品を保証します。同社は、Schneider Electric、Siemensなどの大手企業と協力して、中電圧および低電圧のキャビネット製造技術を保有しています。

❖ サービスの差別化について

-サービスの保証 - メンテナンス：顧客をいつもスタッフがサポートし、顧客からのリクエストを受けてから12時間以内に問題を処理するために現場に立ち会います。

-カスタマーケアサービス：各アパートで電気機械システムを操作する際のエンドユーザーへの直接指示とトラブル処理をします。

実績

❖ これまでの建設実績

参照：http://hawee-me.com/project/completed.1.html?lang=en&key=&page=1

問い合わせ先

【社名】HAWEE INDUSTRIAL CONSTRUCTION JOINT STOCK COMPANY
【住所】Lot D2 Auction of Land Use Rights, Van Phuc, Ha Dong, Hanoi
【電話番号】+84 35.249.8096
【E-mailアドレス】trang2.nguyenhoai@hawee.com.vn
【担当者名】Nguyen Thi Hoai Trang
【WEBアドレス】http://hawee-me.com/

Tropical Achitecture Sole Member Limited Liability Company

会社概要 ＊＊＊＊＊＊＊＊＊＊＊＊＊＊＊＊＊＊＊＊＊＊＊＊＊＊＊＊＊＊＊

【社名】Tropical Achitecture Sole Member Limited Liability Company
【設立年月日】2009年2月13日
【資本金】500,000,000VND
【代表者】DOAN VAN NAM
【売上（2018年度）】2,900,000,000VND
【住所】No.25 . 2 Road, An Cuu City Urban Area, An Dong Ward, Hue City, Thua Thien Hue Province
【従業員数】10名

設立の背景とビジョン

❖ 設立にいたるまで

　2009年、Thua Thien Hue省のHueでは、民間の設計コンサルティング会社はあまりありませんでした。Tropical Achitecture Sole Member Limited Liability Companyは国営デザインコンサルティング企業です。

❖ 創業者の理念・ビジョン

　建築家のDOAN VAN NAMが同社の創業者です。32歳ですでに7年のキャリアを持ち、自身のキャリアをスタートさせる会社を設立しました。前任者のモットーである「一芸は身を助ける」とは「一芸に秀でた人は貧乏知らず」ということを意味します。換言すれば、「人々より多くのことを知る必要はなく、たった1つだけ、世界中の誰よりもよく知り、得意とすることが必要です」。創業者はベトナムで「第三世代」建築家の世代に属しています。

自社の強み

❖ 他社と比較しての強み

　DOAN VAN NAM自身、同社の創業者であり、社長であり、建築家でもあり、

自分のキャリアについて独自の見解を持っています。社長として同社の発展を計画し、建築業務を直接指揮します。同社の従業員の大部分は若くて熱心な建築家です。作業は社長兼建築設計マネージャーからスタッフに直接伝達されるので、業務効率は高く、質も良好です。

❖ サービスの差別化について

　同社は常に顧客の立場に立ち、製品に対する顧客の満足度を上げることに全力を尽くします。地元の伝統的建築を尊重し、地方の伝統的建築の良い特性を研究し、現代の作品にそのイメージを導入しています。

実績

❖ これまでの建設実績

　同社の製品は幼稚園の2階4教室のブロックモデルを設計し、これまでのところ約100件、Thua Thien Hue省全体に適用されています。そのプロジェクトは、ベトナムの設計基準を満たし、利用しやすく、建設投資コストを低く抑えています。さらに、そのプロジェクトは、ルクセンブルク政府が資金提供するLuxDev - VIE/033プロジェクトの基準を満たしています。Thua Thien Thue省、Quang Dien地区の文化交流施設プロジェクトのデザイン・コンペティション・コンテストで、同社は最優秀賞を受賞しました。そのプロジェクトは、ベトナム文化の基準に従い、同時に同様のプロジェクトと比較して、優れたパフォーマンスで高い審美的価値があり、低コストに抑えました。

問い合わせ先

【社名】Tropical Achitecture Sole Member Limited Liability Company
【住所】No.25 . 2 Road, An Cuu City Urban Area, An Dong Ward, Hue City, Thua Thien Hue Province
【電話番号】+84 914 162 707
【E-mailアドレス】kientrucnhietdoi15@gmail.com
【担当者名】DOAN VAN NAM
【WEBアドレス】https://www.facebook.com/ktsdoanvannam/?ref=bookmarks

DONG LOI DONG LOI EQUIPMENT & SERVICES CORPORATION

会社概要　＊＊＊＊＊＊＊＊＊＊＊＊＊＊＊＊＊＊＊＊＊＊＊＊＊＊＊＊＊

【社名】DONG LOI EQUIPMENT & SERVICES
　　　　CORPORATION
【設立年月日】2002年5月31日
【資本金】30,000,000,000VND
【代表者】DANG CHU SON
【売上 (2018年度)】120,000,000,000VND
【住所】No.34, 20 Street, Binh An Ward, 2 District, Ho
　　　　Chi Minh City
【従業員数】60名

設立の背景とビジョン

❖ 設立にいたるまで

　DONG LOI EQUIPMENT & SERVICES CORPORATIONは2002年に設立された、世界のトップレベルの機器および工具メーカーに修理・保守サービスを提供する会社です。

❖ 創業者の理念・ビジョン

　顧客のニーズを満たすために、同社は事業活動における競争力を向上させます。「生産性の向上」を経営理念として、同社は、技術サービス面および建設機械事業分野におけるリーディング企業になるように努力しています。同社は、すべてのパートナーとの間に信頼関係を構築し、目標を達成できるように努力しています。同社の目標は生産性の向上です。

自社の強み

❖ 他社と比較しての強み

　世界の大手メーカーの製品を提供しています。たとえばFurukawa（日本）、

Bobcat（アメリカ）、P&V（イギリス）、Leister（スイス）、Tennnant（アメリカ）
の製品です。

❖ サービスの差別化について

　鉱業、マイニング、建設、清掃業界向けの機器供給の分野で20年近くの経験を
持つ専門の技術チームを擁しています。

実績

❖ これまでの建設実績

+全国に3支店があります(ハノイ、ホーチミン、ドンナイ)

+大手企業、主要投資家に設備を提供しています (Nghi Sonセメント, Holcimセ
　メント, Vissaiホールディング, Song Daコーポレーションなど)

問い合わせ先

【社名】DONG LOI EQUIPMENT & SERVICES CORPORATION
【住所】No.34, 20 Street, Binh An Ward, 2 District, Ho Chi Minh City
【電話番号】+84 28　7109 8247
【E-mailアドレス】trolyhanoi@dongloi.com.vn
【担当者名】NGUYEN THI HUONG LAN
【WEBアドレス】http://www.dongloi.com.vn

DOAN NHAT MECHANICAL ELECTRICAL JOINT STOCK COMPANY

会社概要　＊＊＊＊＊＊＊＊＊＊＊＊＊＊＊＊＊＊＊＊＊＊＊＊＊＊＊＊＊

【社　名】DOAN NHAT MECHANICAL ELECTRICAL
　　　　　JOINT STOCK COMPANY
【設立年月日】2007年10月22日
【資本金】33,000,000,000VND
【代表者】NGUYEN DUY PHAP
【売上 (2018年度)】1,473,590,359,721VND
【住所】122 PHO QUANG, 9 WARD, PHU NHUAN
　　　　DISTRICT, HO CHI MINH CITY
【従業員数】450名

設立の背景とビジョン

❖ 設立にいたるまで

　DOAN NHAT MECHANICAL ELECTRICAL JOINT STOCK COMPANYは2007年に設立。同社はまもなくM&Eサービスの品質において信頼できる会社になることを念頭に置き、株主総会を開いています。Landmark 81プロジェクト、Vinpearl Phu Quoc、Royal City、Vincom Dong Khoi、Sala Dai Quang Minh、Metropolis Hanoiなど、多くの全国規模のプロジェクトを成功させています。

❖ 創業者の理念・ビジョン

　「チームワークが成功の源」という経営理念を遵守します。同社は、常に人財育成、高品質の製品と洗練されたサービスを提供してきたおかげで、技術サービス業界をリードする地位を築きました。一流ブランドの構築と発展に努力しています。

自社の強み

❖ 他社と比較しての強み

　同社は、「人、誠実、プロフェッショナル」という3つの要素からなる「コアバリュー」のシステムを構築しています。また、「ピーク(山頂)を征服する」という企業風土を作り、「高みを征服」し、電気機械サービスにおける請負業者の強みを生み出しました。品質、進捗状況、プロジェクトをこなす能力の要件を満たしています。

実績

❖ これまでの建設実績

　10年以上の事業を経て、同社はベトナムで多くの全国規模のプロジェクトを成功に導きました。同社は2018年にトップ5の信頼できる電気機械請負業者としての実績を達成しました。

問い合わせ先

【社名】DOAN NHAT MECHANICAL ELECTRICAL JOINT STOCK COMPANY
【住所】122 PHO QUANG, 9 WARD, PHU NHUAN DISTRICT, HO CHI MINH CITY
【電話番号】+84(28) 38423271
【E-mailアドレス】htntram@doannhat.com
【担当者名】HOANG THI NGOC TRAM
【WEBアドレス】http://www.doannhat.com

H.K ENGINEERING CONSULTING CO., LTD

会社概要　＊＊＊＊＊＊＊＊＊＊＊＊＊＊＊＊＊＊＊＊＊＊＊＊＊＊＊＊＊＊

【 社 名 】H.K ENGINEERING CONSULTING CO., LTD
【設立年月日】2002年6月5日
【資本金】20,000,000,000VND
【代表者】PHAM DANG KHOA
【売上（2018年度）】—
【住所】10 NUI THANH, 13 WARD, TAN BINH DISTRICT,
　　　　HO CHI MINH CITY
【取引所】11 DAO DUY ANH, 9 WARD, PHU NHUAN
　　　　　DISTRICT, HO CHI MINH CITY
【従業員数】10名

設立の背景とビジョン

❖ 設立にいたるまで

　2002年5月6日にH.K ENGINEERING CONSULTING CO., LTDは設立されました。ベトナムの建築設計コンサルタント業界が未発達の時期、特にハイテクプロジェクト、病院、医薬品製造工場向け建設会社、GMP –WHO/EU/FDA基準を満たす会社が少なかった時期です。

❖ 創業者の理念・ビジョン

　同社は常に顧客のニーズを慎重に研究し、最適な技術的解決策を提供し、顧客のすべてのニーズを満たすように努力しています。

自社の強み

❖ 他社と比較しての強み

　ホテル、オフィスビル、商業センター、病院、特にGMP –WHO/EU/FDA.基準を満たす製薬工場向けハイテクプロジェクトのコンサルティングと設計を専門と

しています。技術、ノウハウ、経験が同社の強みです。

❖ サービスの差別化について

熱心かつ効率性を実現します。

実績

❖ これまでの建設実績

投資家が同社に信頼を寄せているので、同社は関わった多くのプロジェクトで改善計画をうまく適用し、驚くべき効率性をもたらしました。省エネルギーと環境に優しい建設工事に成功しました。また、電力不足と環境汚染に悩まされていた地域の改善に貢献しました。同社は主にハイテクプロジェクト、ホテル、オフィスビル、商業センター、病院、特にGMP-WHO／EU／FDAの基準を満たしている製薬工場向け設計コンサルティングと設計を提供しています。

URL: http://www.vnhkengineer.com/vn/gallery/du-an.html

問い合わせ先

【社名】H.K ENGINEERING CONSULTING CO., LTD
【住所】10 NUI THANH, 13 WARD, TAN BINH DISTRICT, HO CHI MINH CITY
【取引所】11 DAO DUY ANH, 9 WARD, PHU NHUAN DISTRICT, HO CHI MINH CITY
【電話番号】+84 28.38424105 – +84 28.38424106
【E-mailアドレス】hkco@vnhkengineer.com
【担当者名】PHAM DANG KHOA
【WEBアドレス】http://www.vnhkengineer.com

PTW PTW VIETNAM LIMITED COMPANY

会社概要 ＊＊＊＊＊＊＊＊＊＊＊＊＊＊＊＊＊＊＊＊＊＊＊＊＊＊＊＊

【社 名】PTW VIETNAM LIMITED COMPANY
【設立年月日】2007年
【資本金】24億1千630万VND
【代表者】Lars Henrik Folkar
【売上 (2018年度)】598億VND
【住所】117-119 LY CHINH THANG STREET,DISREICT 3,
　　　HO CHI MINH CITY
【従業員数】60-70名

設立の背景とビジョン

❖ 設立にいたるまで

　PTW VIETNAM LIMITED COMPANYは1889年、オーストラリアで設立され、現在はシドニー、北京、上海、ハノイ、ホーチミンにオフィスを構えています。ホーチミンには合計200名以上の従業員がいます。同社は、企画コンサルティングサービス、建築デザインとインテリアを提供するため、2007年にベトナムにオフィスを設立しました。ベトナムでは、複合高層マンション、オフィスビル、商業地域、ホテル、リゾート、学校、スポーツ・文化施設など、様々なタイプの200件以上のプロジェクトを実施しました。

❖ 創業者の理念・ビジョン

　企画、建築・インテリア・デザインの経験と評判により、同社は商業目的、美的・文化的要素、使用価値の調和の取れた建物を建築しました。同社のコアバリューは、卓越、ポジティブ、率直、協力、創造です。これらを組み合わせて各建物に適用し、独自の設計による商品を作成しています。

自社の強み

❖ 他社と比較しての強み

　同社には長い歴史があり、多くの大規模プロジェクトを実施してきた経験があります。同社は多国籍アーキテクトチームを擁し、各プロジェクトの要件に応じて、必要な経験と能力がある人員を配置し、各プロジェクトを成功に導きます。

❖ サービスの差別化について

　同社は、世界で高ランクのベトナムの登録企業であり、企画コンサルティング、建築・インテリアデザインサービスを提供しています。この組み合わせにより、高品質設計を提供し、当局に提出すべき図面を作成できます。これも、他の国際建築会社に比べて、同社の明確な利点です。

実績

❖ これまでの建設実績

(過去3年)
-BCIアジア建築分野のトップ10企業(2017)
-アジア太平洋不動産賞(2018 – 2019)
-BCIアジア建築分野のトップ10企業(2019)

問い合わせ先

【社名】PTW VIETNAM LIMITED COMPANY
【住所】117-119 LY CHINH THANG STREET,DISREICT 3, HO CHI MINH CITY
【電話番号】+84 28 393 18 779
【E-mailアドレス】nguyet.nguyen@ptw.com.au
【担当者名】Nguyen Thi Anh Nguyet
【WEBアドレス】http://www.ptw.com.au

ATAD STEEL STRUCTURE CORPORATION

会社概要 ＊＊＊＊＊＊＊＊＊＊＊＊＊＊＊＊＊＊＊＊＊＊＊＊＊＊＊＊＊＊＊

【 社 名 】ATAD STEEL STRUCTURE CORPORATION
【設立年月日】2004年10月12日
【資本金】3億VND
【代表者】Nguyen Le Anh Tuan
【売上 (2018年度)】—
【住所】99 Nguyen Thi Minh Khaist, Ben Thanh, District 1,
　　　　HCMC
【従業員数】1,700名以上

設立の背景とビジョン

❖ 設立にいたるまで

　ATAD STEEL STRUCTURE CORPORATIONは建設業界では「ゴールデンタイム！」だと考えられていた、2004年に設立されました。2004年7月1日から建設法が施行され、建設投資活動がより広く行える法的枠組みが整えられたからです。

❖ 創業者の理念・ビジョン

　安全、程度、品質という3つの重要な点に基づいて、プロジェクトを遂行するだけではなく、良い協力と持続的な繁栄ももたらします。同社は常に以下の7つのコアバリューを遵守しています。

依頼 – 思考 – 責任 – 正義– 積極性 – 規律 – チームワーク

　同社を設立した2004年から、運営内容および運営方法はすべてこれら7つのコアバリューを基にして進めております。現在まで様々な修正を行いましたが、同社のコアバリューは変わりません。その価値は、同社の成功の鍵となり、今後とも同社運営の基盤であり続けます。

自社の強み

❖ 他社と比較しての強み

　2017年12月、同社は2つ目の鋼構造工場—ドンナイロンカン工業団地（ドンナイ省）を開設しました。総面積8ヘクタール、生産能力は8,500トン/月で、これはベトナムの鋼構造業界で一番大きく、現代的な工場です。ロンアン省の工場とドンナイ省の工場の総生産能力は144,000トン/年となります。高度な機械システムがあるので、同社はあらゆるタイプの構造物、特大の構造物、特殊な構造物の生産に、品質を保証して対応できます。

❖ サービスの差別化について

　最適な設計システムと優秀なスタッフが揃っている同社だからこそ、最適なパッケージソリューションを安価に提供できます。東南アジア、アジア、アフリカ、オセアニアにおける数千のプロジェクトでの経験を活かし、同社はプロジェクトの投資資本と現場条件に応じた最適な計画を迅速に提供します。

実績

❖ これまでの建設実績

　カムラン国際空港、ダナン国際空港、ビエンチャン国際空港、ビンファスト自動車生産施設、ビンタン4火力発電延長、都市鉄道プロジェクト、ホーチミン市、リキシルグローバル工場、丸一製鉄所、新日本製鉄所など

他のプロジェクトはリンクを参照。https://atad.vn/vi/danh-sach-du-an/

問い合わせ先

【社名】ATAD STEEL STRUCTURE CORPORATION
【住所】99 Nguyen Thi Minh Khaist, Ben Thanh, District 1, HCMC
【電話番号】+84 28 3926 0666
【E-mailアドレス】sales@atad.vn
【担当者名】ATAD Sales
【WEBアドレス】http://www.atad.com.vn

DISTRICT IDEA COMPANY

会社概要 ＊＊＊＊＊＊＊＊＊＊＊＊＊＊＊＊＊＊＊＊＊＊＊＊＊＊＊＊＊＊＊＊＊

【社 名】DISTRICT IDEA COMPANY
【設立年月日】2015年4月17日
【資本金】50億VND
【代表者】NGUYEN THANH VIET
【売上 (2018年度)】630億VND
【住所】58 Hoang Dieu Street, Phuoc Ninh Ward, Hai Chau
　　　　District, Da Nang
【従業員数】30名

設立の背景とビジョン

❖ 設立にいたるまで

　DISTRICT IDEA COMPANYは、建築デザインを学んだ学生のグループです。デザインと創造的な情熱を共有してチームを組み、様々な場所で多くのことを勉強し、卒業後、設立したデザイン会社です。多くの社員が加わり、同社は徐々に発展しました。同社は、地元の人々に新しいものをもたらし、将来の国の発展を目指し、絶え間なく努力しています。

❖ 創業者の理念・ビジョン

　同社創業者の理念・ビジョンは、伝統的デザインを重視しながらも、状況に応じて柔軟に変化を加えるというものです。同社のプロジェクトはすべてオリジナルな芸術的イメージと機能的な解決策の組み合わせです。建築以外の分野でも、すべてのプロジェクトにおいて独自性を持つべきだと思います。同社では、グラフィックデザインと音楽制作、ビジュアル3Dを組み合わせることがよくあります。プロジェクトの中心は顧客です。同社の目的は、設計を通じた投資家の個人的価値の実現です。顧客の価値観に耳を傾けます。「創造性は勇気を必要とします」-常に デザインの中に新しいものを取り込む勇気が必要です。

自社の強み

❖ 他社と比較しての強み

　同社の強みは創造性です。顧客が期待する快適なオリジナル空間を演出することに情熱を傾けています。建物は顧客を歓迎し、刺激的な経験と機会を提供します。さらに、同社がコンサルティングをしているプロジェクトは、顧客の健康に配慮し、持続可能な生活環境を創造しています。同社にはその能力が備わっています。

❖ サービスの差別化について

　同社は常にオリジナルなデザインを提供しています。

実績

❖ これまでの建設実績

- GIAI NHAT | AFFORDABLE HOUSING AND HOTEL DESIGN 2014の最優秀賞受賞
- Golden Hills CityプロジェクトのC&Dビラの景観建築デザインコンテストにて最優秀賞を受賞
- 2016 ADOBE DESIGN ACHIEVEMENT AWARDS | ベトナムエリア受賞
- VIETNAM INTERIOR DESIGN AWARD 2018 |デザインコンペで3等賞を受賞 - Vietnam Property Award 2018 | TROPICANA NHA TRANG受賞

問い合わせ先

【社名】DISTRICT IDEA COMPANY
【住所】58 Hoang Dieu, Phuoc Ninh, Hai Chau, Da Nang
【電話番号】+84 905 432 493
【E-mailアドレス】vietnguyen@districtidea.vn
【担当者名】—
【WEBアドレス】http://www.districtidea.vn

VIWASE
Vietnam Water, Sanitation and Environment Joint Stock Company

会社概要 ＊＊＊＊＊＊＊＊＊＊＊＊＊＊＊＊＊＊＊＊＊＊＊＊＊＊＊＊＊＊＊

【社名】Vietnam Water, Sanitation and Environment
　　　　Joint Stock Company
【設立年月日】2006年11月28日
【資本金】36,000,000,000 (360億VND)
【代表者】NGUYEN THANH HAI（会長）
　　　　LE VAN TUAN（社長）
【売上 (2017年度)】162.50億VND
【住所】NO.5 DUONG THANH STREER, CUA DONG
　　　　WARD, HOAN KIEM DISTRICT, HA NOI.
【従業員数】280名

設立の背景とビジョン

❖ 設立にいたるまで

　建設省の国営企業が前身で、建築計画省 - 都市計画デザイン研究所の一部であり、国の発展と共に、この企業は社名を変えています。

-1954: 電気水道設計部

-1962-1968: 計画設計研究所の下のサブ機関

-1969年10月-1975: 建設省　工学部設計　建築学科

-1975-1995: 建設省　給水設計企業

-1996-2002: 建設省　ベトナム上下水道・環境コンサルタント会社

-2002-2005: 建設省　ベトナム水環境会社

-2006年11月: 建設大臣の決定1427 / QD-BXDに従ったベトナム水と環境株式会社

-2017年12月、資本金が360億ドンに増加し、政府機関投資家はVietnam Construction Consultant Corporation（VNCC）株式会社の35.35％を占め、残りは株主が株を保有しています。

❖ 創業者の理念・ビジョン

　国内市場の環境インフラ技術産業における建設投資コンサルタント分野で、一流ブランドとしての価値を持つ企業です。ベトナムのアイデンティティを持ち、さらにダイナミックな戦略で海外市場進出を目指しています。

自社の強み

❖ 他社と比較しての強み

　現在、同社は給水・排水の研究、調査および特殊設計のための国際規格の研究をしています。過去60年で築き上げたブランドにより、同社は上下水道業界における建設コンサルタント分野で常に最先端の位置にいます。

❖ サービスの差別化について

　国内外のコンサルタントメンバーで、グローバルな提案をします。全体を俯瞰し、手法、開発モデル、管理レベル、科学技術の適用能力、法的環境の理解などにより、建設コンサルタント分野で飛躍的な発展を遂げています。

実績

❖ これまでの建設実績

URL: http://viwase.vn/linh-vuc-cap-nuoc173
以下の賞を受賞しました。
第三種労働メダル／第二種労働メダル／第一種労働メダル
首相からの賞状、2016年に政府のエミュレーション旗
ベトナム建設品質ゴールドカップ（建設省より）

問い合わせ先

【社名】Vietnam Water, Sanitation and Environment Joint Stock Company
【住所】NO.5 DUONG THANH STREER, CUA DONG WARD, HOAN KIEM DISTRICT,HANOI
【電話番号】+84-24-8256539
【E-mailアドレス】viwase@hn.vnn.vn
【担当者名】HA HAI TU
【WEBアドレス】http://viwase.vn/

HVD Construction and Investment Consultant Joint Stock Company

会社概要　✳ ✳
【 社 名 】HVD Construction and Investment Consultant Joint Stock Company
【設立年月日】2004年10月27日
【資本金】50,000,000,000VND
【代表者】NGUYEN KHAC DUC
【売上（2018年度）】—
【住所】NO 38 THAI HA STREET, TRUNG LIET WARD, DONG DA DISTRICT, HANOI
【従業員数】—

設立の背景とビジョン

❖ 設立にいたるまで

　HVD Construction and Investment Consultant Joint Stock Company
（HVD）は、以前はHVD Construction and Investment Consultancy Co.、
Ltd.として知られており、2003年6月に投資コンサルタントの分野の事業活動で
設立されました。2004年10月27日に、同社は、ハノイ計画投資省の事業登録局
により、事業登録証番号0103005687の下で株式会社に転換されました。

主な事業内容：
-建設ゼネコン、輸送、灌漑、土木・産業工事の建設および設置ビジネス
-投資プロジェクトの設計に関するコンサルティング、設計コンサルタント、輸送、
　灌漑、土木・産業工事の地質調査のためのコンサルティングビジネス
-投資プロジェクトの準備と評価のコンサルタント、入札招待と入札評価のコンサ
　ルタントビジネス
-コンサルティング、ビジネス管理、科学技術分野での新しい技術の移転ビジネス
-商品、建設機器、商業仲介、不動産事業、国内旅行および観光客向けサービスの輸
　送ビジネス

自社の強み

❖ 他社と比較しての強み

　設立以来、同社は投資コンサルタント業、デザインコンサルタント業、産業用・輸送用灌漑、土木工事、公共事業の建設分野でのコンサルタントに携わってきました。同社は専門的スキルを持つ人財を確保し、技術が高度化する時代に投資家のニーズを満たすために、国際規格に合致する特殊設備と管理プログラムへの投資を強化しています。

実績

❖ これまでの建設実績

　同社には、レベル1の土木工事の建設能力証明が与えられています。
URL: https://hvd-hanoi.com.vn/du-an.html

問い合わせ先

【社名】HVD Construction and Investment Consultant Joint Stock Company
【住所】NO 38 THAI HA STREET, TRUNG LIET WARD, DONG DA DISTRICT, HANOI
【電話番号】+84 24 35537780
【E-mailアドレス】info@hvd-hanoi.com.vn
【担当者名】NGUYEN THU HUYEN
【WEBアドレス】http://hvd-hanoi.com.vn

KHANH HOI TRADING COMPANY LIMITED

会社概要　＊＊＊＊＊＊＊＊＊＊＊＊＊＊＊＊＊＊＊＊＊＊＊＊＊＊＊＊

【 社 名 】KHANH HOI TRADING COMPANY LIMITED
【設立年月日】2012年11月23日
【資本金】5,000,000,000VND
【代表者】DOAN VY MINH TAM
【売上 (2018年度)】400億VND
【住所】8G2, 52 STREET, TAN PHONG WARD, 7
　　　DISTRICT, HO CHI MINH CITY
【従業員数】20名

設立の背景とビジョン

❖ 創業者の理念・ビジョン

　KHANH HOI TRADING COMPANY LIMITEDはタイル事業において、自社独自の事業展開で顧客満足度を高め、社会貢献ができるように努力しています。

自社の強み

❖ 他社と比較しての強み

　同社は高品質のセラミックタイルの輸入を専門とし、最新コレクションを使用し、土木、インテリア・デザインから大規模プロジェクトまで、レンガの需要に応えます。

❖ サービスの差別化について

-常に最新のデザイン・トレンドに合わせ、独特な美しさを持つタイルのコレクションを提供します。
- 過去8年の経験を活かし、同社は最高品質の製品を適価で提供します。
-直輸入:商品を直輸入していますので、常に最新モデルを提供できます。設計会社、請負業者、プロジェクトへは大幅値引きします。

-丁寧でプロフェッショナルなアフターケアを提供します。

実績

❖ これまでの建設実績

URL: https://khatra.com.vn/projects/

-Bitexco Financial Tower、Parkson Hung Vuong、The Cliff Resort、BHD Star Cineplex、California Fitness & Yoga Centerなど、多くの投資家、請負業者、設計会社に、大規模プロジェクト用輸入セラミックタイルを提供するパートナーとして選ばれています。

問い合わせ先

【社名】KHANH HOI TRADING COMPANY LIMITED
【住所】8G2, 52 STREET, TAN PHONG WARD, 7 DISTRICT, HO CHI MINH CITY
【電話番号】+84 919794476
【E-mailアドレス】dinh@khatra.com.vn
【担当者名】LU TRAN DINH
【WEBアドレス】http://www.khatra.com.vn

AA CONSTRUCTION GEOMANCY COMPANY LIMITED

会社概要 ＊＊＊＊＊＊＊＊＊＊＊＊＊＊＊＊＊＊＊＊＊＊＊＊＊＊＊＊＊＊＊

【社　名】AA CONSTRUCTION GEOMANCY
　　　　　COMPANY LIMITED
【設立年月日】2016年
【資本金】15億VND
【代表者】VU MANH CUONG
【売上 (2018年度)】1.5億VND
【住所】20 2BSTREET, BHH A WARD, BINH TAN
　　　　DISTRICT, HO CHI MINH CITY
【従業員数】10名

設立の背景とビジョン

❖ 設立にいたるまで

　住宅建設はベトナムの成長分野であり、住宅に対する需要が増えています。市場では、美しく風水に則った住宅を提供できる会社は皆無であり、この分野こそ、AA CONSTRUCTION GEOMANCY COMPANY LIMITEDが開拓できる市場です。

❖ 創業者の理念・ビジョン

　風水を長年にわたり実践・体験してきたたVu Manh Cuong（ヴー・マン・クン）は建築家であり、家の風水は家族の繁栄に大きな影響を与えると結論付けています。そのため、風水に則った家を建てると、成功をもたらし、家族の運気も上げることができます。

自社の強み

❖ 他社と比較しての強み

　同社は、家の設計から建設まで風水を応用しています。

❖ サービスの差別化について

　同社は、建設前から、施主に適した風水環境を配置し、顧客の満足度を高めます。顧客の盛衰にかかわる風水を大切に考えて設計・建設しております。同社は以下の業務をしています。

１．風水に則った工事の設計

２．建築設計

３．上記１、２の両方

　さらに、顧客に幸運をもたらすために、鍬入れ位置を慎重に考え建設しています（凶の位置をさけて、吉の位置で行います）。

実績

❖ これまでの建設実績

　同社が建築した家にご満足いただいている顧客の数は、年々増加。これまでの建設プロジェクトは以下のリンクを参照。

http://www.xaydungaa.com/du-an/du-an-da-thuc-hien

問い合わせ先

【社名】AA CONSTRUCTION GEOMANCY COMPANY LIMITED
【住所】20 2BSTREET, BHH A WARD, BINH TAN DISTRICT, HO CHI MINH CITY
【電話番号】+84 28 62927777
【E-mailアドレス】xaydungaa@gmail.com
【担当者名】VU MANH CUONG
【WEBアドレス】http://www.xaydungaa.com

MINH GIANG SERVICES AND INVESTMENT JOINT STOCK COMPANY

会社概要　＊＊＊＊＊＊＊＊＊＊＊＊＊＊＊＊＊＊＊＊＊＊＊＊＊＊＊＊＊＊＊
【社　名】MINH GIANG SERVICES AND INVESTMENT JOINT STOCK COMPANY
【設立年月日】2012年
【資本金】100億VND
【代表者】Do Phi Hiep
【売上（2018年度）】—
【住所】3/19 Hoang Ngoc Phach, Lang Ha Ward, Dong Da District, Hanoi
【従業員数】50名

設立の背景とビジョン

❖ 設立にいたるまで

　MINH GIANG SERVICES AND INVESTMENT JOINT STOCK COMPANYは100億ドンの資本金で2012年に設立されました。機器・機械製造専門のエンジニアと建設機械に関する経験を持つスタッフを擁し、同社は20名以上の従業員が働く株式会社に発展していきました。

❖ 創業者の理念・ビジョン

　人財は貴重な資産であり、パートナーとの信頼関係を構築します。

自社の強み

❖ 他社と比較しての強み

　熱心で思慮深いコンサルタントおよび多くのエンジニア・技術者を擁しており、高品質の製品を提供しています。同社は、全国で多くのプロジェクトを成功に導き、この分野で確固たる地位を築き上げてきました。

❖ サービスの差別化について

　同社の顧客は常に安い費用で、最高のサービスを受けることができます。「適価で最後まで責任を持つ」という同社の方針により、提供した製品・サービスの品質

を維持・改善していきます。

実績

❖ これまでの建設実績
同社が関与したプロジェクトは下記参照

1. Kien橋（Thang Long 建設株式会社）、Bai Chay橋（1番建設会社―ハノイ株
   式会社）、Pa Uon-Son La 橋（Thang Long 建設株式会社とCIENCO4– 479
   株式会社）、Ham Luong- Ben Tre橋、Phuoc Hoa潅漑ダム、ドラゴン- ダナ
   ン橋(Cienco1)など
2. Ha Long、Thang Long、Bim Son、Hoang Thach、Nghi Son、But Son、
   Dien Bien、Xuan Maiなど、様々なセメント工場
3. Mong Duong 2- Quang Ninh火力工場の建設・組立（Lilama10株式会社）、
   Se-san 3A、Se-san 4、Seka man、An Khe Knak、Khe Bo、Huong Dien、
   Cua Dat、Son La、Nam Chien、Ban Ve、Nam Soiなどの水力工場の建設

ベトナム全国の高い建物、オフィスビル、アパートなどの建設
詳細は下記のリンク参照。
http://vme.vn/pages/du-an

問い合わせ先

【社名】MINH GIANG SERVICES AND INVESTMENT JOINT STOCK COMPANY
【住所】3/19 Hoang Ngoc Phach, Lang Ha Ward, Dong Da District, Hanoi
【電話番号】+84 24 3776 0607
【E-mailアドレス】dophihiep@gmail.com
【担当者名】DO PHI HIEP
【WEBアドレス】http://vme.vn

CERAVI JOINT STOCK COMPANY

会社概要　＊＊＊＊＊＊＊＊＊＊＊＊＊＊＊＊＊＊＊＊＊＊＊＊＊＊＊

【社　名】CERAVI JOINT STOCK COMPANY
【設立年月日】2014年
【資本金】50億ドン
【代表者】Pham Thi Tung Diep
【売上 (2018年度)】870万ドル
【住所】BT7.02, XUAN PHUONG FUNCTIONAL URBAN
　　　　AREA, 70TH STREET, XUAN PHUONG WARD,
　　　　NAM TU LIEM DISTRICT, HA NOI
【従業員数】350名

設立の背景とビジョン

❖ 設立にいたるまで

　高級衛生設備の製造を専門とするCERAVI株式会社は、ベトナムおよびイタリアの株主の出資により2014年に設立されました。取締役は、衛生設備製造業界において30年以上の経験を持っています。

❖ 創業者の理念・ビジョン

　「価値の創造及び顧客との成功の共有」をモットーに、同社は常に顧客に寄り添い、顧客に最高のサービスを提供し、経営理念にある「双方に利益がある」という使命を果たします。同社のスローガンは「創造性からの魅力」です。創造は同社の活力の源です。新しいアイデアは社員・幹部から生み出されます。同社の競争戦略は、他者と異なる製品を製作し、従来の伝統的な市場に加えて、新市場を開拓することです。消費者は低価格で国際基準に合致した製品を使うことができます。

自社の強み

❖ 他社と比較しての強み

　同社は、イタリアの技術を応用し高級衛生設備の製造に特化した企業です。工

場は、ベトナムの陶磁器産業の中心であるタイビン省のティエンハイ工業団地にあります。同社の製品は、ベトナム国内に限らず、ロシア、アメリカ、オーストラリア、韓国、タイ、フィリピン、ミャンマー、カンボジアなど、様々な国へも輸出されています。

❖ サービスの差別化について

-スタイル：優しく、エレガントで、繊細で魅力的なヨーロピアン・スタイル
-エナメル：イタリアの最先端のナノテク技術により抗菌、粘着防止、バクテリア防止、清潔で黄変を防止
-設計：トルネード水流(渦システム)により画期的な機能、高い吸引力と超節水

実績

❖ これまでの建設実績

- 「信頼できるブランド、高品質な製品、親切なサービス2016」受賞。
- 「アジア太平洋地域統合のゴールデンブランド2018」受賞
-ISO9001:2015認証取得
-タイ工業規格（TISI）No. 792-2554の認証取得
-洗面台、和式便器、女性向け便器に対して、建築材料研究所の認証取得

問い合わせ先

【社名】CERAVI JOINT STOCK COMPANY
【住所】BT7.02, XUAN PHUONG FUNCTIONAL URBAN AREA, 70TH STREET,
　　　　XUAN PHUONG WARD, NAM TU LIEM DISTRICT, HA NOI
【電話番号】+84989182895
【E-mailアドレス】Huongmn.ceravi@gmail.com
【担当者名】Mai Ngoc Huong
【WEBアドレス】https://ceravi.vn

HO KHUE DESIGN AND BUILD COMPANY LIMITED

会社概要 ✳✳✳✳✳✳✳✳✳✳✳✳✳✳✳✳✳✳✳✳✳✳✳✳✳✳✳✳✳

【社　名】HO KHUE DESIGN AND BUILD COMPANY
　　　　　LIMITED
【設立年月日】2013年
【資本金】60億VND
【代表者】HO KHUE
【売上（2018年度）】—
【住所】GROUP 16A, THO QUANG WARD, SON TRA
　　　　DISTRICT, DA NANG CITY
【従業員数】15 〜 20名

設立の背景とビジョン

❖ 設立にいたるまで

　以前はNHIET TAM 建築設計有限責任会社（ARCHOR Architects）として知られていましたが、HO KHUE DESIGN AND BUILD COMPANY LIMITEDは2005年に設立されました。ホーチミン市での9年間の運営の後、ダナンとベトナム中部の市場開発を始めるため、ARDOR社を共同設立したホー・クエ建築家が同社を設立しました。

❖ 創業者の理念・ビジョン

　同社は、設計専門家と熟練職人が、コンサルティングサービスと創造的思考により、様々な住宅およびリゾート施設の設計・建築を行います。「生き生きとした空間をもたらし、街を創り、地球との調和に貢献する」ことを使命とし、活動しています。

自社の強み

❖ 他社と比較しての強み

　同社は、社名の通り「緑のある」設計・建築という特徴を持ち、環境に優しく、

持続可能でオリジナルな建築を創造します。特にダナンに緑のある建築を増やしていきます。同社は、中部地域におけるYKKAP独占販売代理店です。YKKAPは、アルミニウム・ドアと大型ガラス・アルミニウム壁システムをベトナムに正式に導入しました。YKKAP製品は、高層ビルに適用され、ハイテク建築として、商業センターのオフィスビルなどの大きなスペースと広い眺めを実現します。アルミニウムは軽荷重、高耐荷力、耐水性、遮音性、気密性、耐風性、標準硬度、審美性に優れ、色落ち防止が可能なのです。

❖ サービスの差別化について

　同社は、垂直庭園や屋上庭園サービスの提供などを含め、緑がある建物の設計・建設を専門とする企業として知られています。同社は、徐々に建物の緑化サービスで有名になり、将来、ダナン市により多くの緑のある建物を提供していきます。

実績

❖ これまでの建設実績

これまでの実績については以下を参照

http://alpes.vn/danh-muc-du-an/du-an/

問い合わせ先

【社名】HO KHUE DESIGN AND BUILD COMPANY LIMITED
【住所】GROUP 16A, THO QUANG WARD, SON TRA DISTRICT, DA NANG CITY
【電話番号】+84931911345
【E-mailアドレス】hr@alpes.vn
【担当者名】LE HO TUYET MINH
【WEBアドレス】http://alpes.vn/

MINH PHUONG CONSTRUCTION COMPANY LIMITED

会社概要　＊＊＊＊＊＊＊＊＊＊＊＊＊＊＊＊＊＊＊＊＊＊＊＊＊＊＊＊＊

【社　名】MINH PHUONG CONSTRUCTION
　　　　　COMPANY LIMITED
【設立年月日】2001年
【資本金】90億VND
【代表者】Truong Phi Phung
【売上 (2018年度)】250億VND
【住所】95 1ST STREET, PHUOC BINH WARD, DISTRICT
　　　　9, HO CHI MINH CITY
【従業員数】16名

設立の背景とビジョン

❖ 設立にいたるまで

　MINH PHUONG CONSTRUCTION COMPANY LIMITEDは2001年に設立され、長年の努力の結果、ベトナムで建設工事の信頼性の高い電気機械工学（M&E）サービスプロバイダーの1つとして知られるようになりました。同社は、国内外の多くの顧客にサービスを提供し、産業、エネルギー、商業、民間プロジェクトなどのサービスを提供しています。

❖ 創業者の理念・ビジョン

＊ミッション

＋明確な専門サービスに基づく事業を開発し、最新技術を採用し、専門知識の向上のため、日々努力すること

＋プロ意識、道徳、競争力を高める職場環境を実現すること

＋製品の品質向上が最優先であり、顧客に満足をもたらすために達成すべき目標だと考えること

＊目標

＋顧客に高品質で最高のサービスを提供し、国内とASEAN地域に電気機械工学サービスを提供するリーディング企業を目指します。

自社の強み

❖ 他社と比較しての強み

　同社は、建設市場の電気機械工学の分野で活動する小規模企業です。資金調達、激しい競争、市場の継続的な変動など多くの困難に直面していますが、20年近く低価格で高品質のサービスを提供してきたことにより顧客の信頼を獲得しています。

❖ サービスの差別化について

　同社の品質方針により、建設業界の電気機械工学分野で同社が提供するすべての製品とサービスは常に顧客の満足度を高めています。

実績

❖ これまでの建設実績

　完成したプロジェクトの映像は以下参照。

http://www.mpcontractor.com/vi-VN/vietnam-contractor/3_1_du-an.html

問い合わせ先

【社名】MINH PHUONG CONSTRUCTION COMPANY LIMITED
【住所】本社：95 1st Street, Phuoc Binh Ward, District 9, Ho Chi Minh City
　　　　オフィス：6 Ho Tung Mau Street, Nguyen Thai Binh Ward, District 1, Ho Chi Minh City
【電話番号】+84 28. 3821 1560　　HP: +84 903.340.111
【E-mailアドレス】minhphuong@mpcontractor.com; anhph1963@gmail.com;
【担当者名】Phan Hoang Anh (CEO)
【WEBアドレス】http://www.mpcontractor.com

Gemini Project Developer Company Limited

会社概要　✳ ✳ ✳ ✳ ✳ ✳ ✳ ✳ ✳ ✳ ✳ ✳ ✳ ✳ ✳ ✳ ✳ ✳ ✳ ✳

【 社 名 】Gemini Project Developer Company Limited
【**設立年月日**】2009年 9 月 9 日
【**資本金**】6,800,000,000 VND
【**代表者**】グエンコックドゥアン
【**売上 (2018年度)**】30,000,000,000 VND
【**住所**】98 Tran Quang Khai, Tan Dinh Ward, District1,
　　　Ho Chi Minh City
【**従業員数**】30名

設立の背景とビジョン

❖ 設立にいたるまで

　ベトナムは、工業化と近代化を進めるために、外国からの投資を呼びかけ、インフラの開発、構築を進めています。

❖ 創業者の理念・ビジョン

　ソンナン開発有限会社は、創造性、誠実さ、職業上の責任を尊重し、チームワークを重視し、プロジェクトを完成させます。同社は、ホーチミンとその周辺地域において信頼できるプロジェクト開発コンサルタント企業になることを目指しています。

自社の強み

❖ 他社と比較しての強み

　同社の技術スタッフは、小規模から大規模まで様々な規模の建設サービスを国内外のパートナーと実施しています。

❖ サービスの差別化について

　同社はプロジェクトに関する総合コンサルティング、顧客の細かいニーズを実現します。

実績

❖ これまでの建設実績

　同社は国内の大企業とのプロジェクトだけでなく、アメリカ、日本、ドイツ、オーストラリア、韓国、シンガポール、タイ、中国の投資家パートナーとのプロジェクトの共同作業も行っています。以下をご覧ください。

http://www.songnam.net/Dich-vu-va-Du-an/Khu-do-thi/53

プー・ホア湖スポーツ文化観光

NEW WORLD HOTEL

問い合わせ先

【社名】Gemini Project Developer Company Limited
【住所】98 Tran Quang Khai, Tan Dinh Ward, District1, Ho Chi Minh City
【電話番号】+84.28.35267163
【E-mailアドレス】songnam09@gmail.com
【担当者名】グエンコックドゥアン
【WEBアドレス】http://songnam.net

Frit Hue Joint Stock Company

会社概要　＊＊＊＊＊＊＊＊＊＊＊＊＊＊＊＊＊＊

【社 名】Frit Hue Joint Stock Company
【設立年月日】2000年
【資本金】900 億VND
【代表者】DUONG BA KHANH
【売上 (2018年度)】968 億VND（2019年見込み: 1,250億VND）
【住所】LOT 1A PHU BAI INDUSTRIAL PARK - PHU BAI WARD - THI XA HUONG THUY-THUA THIEN HUE PROVINCE
【従業員数】430名

設立の背景とビジョン

❖ 設立にいたるまで

　Frit Hue Joint Stock Companyは2000年8月に設立し、フリット生産に乗り出しました。同社はベトナムで初めて大規模なフリット生産工場を設立しました。生産技術は、同社がReimbold & Strick というドイツ企業から技術移転されました。

❖ 創業者の理念・ビジョン

　設立当初から「顧客の継続的な発展は同社の存続と発展につながる」という同社の方針を忠実に守り、同社はベトナム市場で土石製品のエナメル生産業でトップの会社として事業を維持しています。

自社の強み

❖ 他社と比較しての強み

　同社はフリット生産の特別な技術を持ち、多様な高品質の製品を適価で納期通りに提供します。同社の製品は透明なフリット、オペークフリット、セミオペークフリット、マットフリット、調整可能フリット、チタンフリットなど、30種類ほどあり、ベトナムでタイル製造企業に提供し、インドネシア、タイ、バングラデシュ、フィリピンなどに輸出することもあります。特に、オペークフリットとチタンフリットは価格競争力があり、重要な製品になります。

❖ サービスの差別化について

　顧客の様々なニーズに対応するため、多種多様な製品を開発します。
　製品の種類が多様(25種類以上)で、顧客の使用状況により、種類を変更します。
　短納期で、多様な運送方法(陸路、水路、鉄道)を使えます。

実績

❖ これまでの建設実績

　当初の生産能力は1ヘクタールぐらいの面積で3,000トン/年でしたが、現在は7ヘクタールぐらいの面積で130,000　トン/年です。2019年の第3四半期末には130,000　トン/年となる見込みです。一方、同社の新工場建設中で、新工場の生産能力は120,000トン/年で、生産能力の合計は270,000トン/年となります。

問い合わせ先

【社名】Frit Hue Joint Stock Company
【住所】LOT 1A PHU BAI INDUSTRIAL PARK - PHU BAI WARD - THI XA HUONG THUY-THUA THIEN HUE PROVINCE
【電話番号】(+84-234) 3 862 355/ 3 862 123
【E-mailアドレス】frithue1999@gmail.com
【担当者名】Duong Ba Khanh
【WEBアドレス】http://www.frithue.com.vn

CHUNG NAM CO., LTD

会社概要 ＊＊＊＊＊＊＊＊＊＊＊＊＊＊＊＊＊＊＊＊＊＊＊＊＊＊＊＊＊＊＊
【社名】CHUNG NAM CO., LTD
【設立年月日】2005年1月25日
【資本金】1000 億VND
【代表者】Huynh Van Bay
【売上 (2018年度)】400億VND
【住所】896A/29 Hau Giang Ward 12 District 6 HCMC
【従業員数】20名

設立の背景とビジョン

❖ 設立にいたるまで

2004年12月、CHUNG NAM CO., LTDは電力業界のトップ専門家のアドバイスにより設立されました。電力供給、電圧の調整・購買・交換・修理、変圧器のレンタル、電線と変電所の組立・メンテナンス、変電所のコンデンサ修理・供給、電器の部品と材料の供給などを行います。大型電源が必要な製造企業のニーズに適切なサービスを提供するため、同社が設立されました。多くの人は電力業界は独占分野だと考えていました。しかし、現在の同社は電力事業を行っています。顧客の電力に関する費用など様々な問題に関して、お得な解決方法をご提案しています。

❖ 創業者の理念・ビジョン

24時間体制で電気使用ニーズに対応。新電源の設備、修理、メンテナンス、電圧の調整などの問題を解決します。各企業の電気使用ニーズに適切なサービスを提供します。製品とサービスの品質を重要にし、顧客のニーズに応えられるサプライヤーになるのが同社の目標です。相互の尊重と信頼に基づいて、顧客との長期的な関係を構築します。

自社の強み

❖ 他社と比較しての強み

　同社の取締役は深い専門知識を持つだけではなく、ベトナム電力業界で20年間の経験がある者として、工事の安全と進捗を保証します。

❖ サービスの差別化について

　24時間体制で電気使用ニーズに対応。電力業界に関する諸問題も解決します。

実績

❖ これまでの建設実績

　15年以上の実績があり、ベトナム全国に変電所設備と電線の組立も含め、500件以上の工事をしました。詳細は以下を参照。

http://chungnamgroup.com/category/cac-du-an-da-thi-cong-cua-cong-ty-chung-nam/

問い合わせ先

【社名】CHUNG NAM CO., LTD
【住所】896A/29 Hau Giang Ward 12 District 6 HCMC
【電話番号】+84 963.99.6789 – +84 903.658.072
【E-mailアドレス】info@chungnam.vn
【担当者名】Huynh Van Bay
【WEBアドレス】http://chungnamgroup.com

YUJI LIMITED COMPANY

会社概要　＊＊＊＊＊＊＊＊＊＊＊＊＊＊＊＊＊＊＊＊＊＊＊＊＊＊＊

【社名】YUJI LIMITED COMPANY
【設立年月日】2013年4月24日
【資本金】100億VND
【代表者】グエン　ヴァン　クアン
【売上 (2018年度)】70億VND
【住所】No3-4/15 Lane-Phuong Mai, Dong Da, Hanoi
【従業員数】10名

設立の背景とビジョン

❖ 設立にいたるまで

　YUJI LIMITED COMPANYは、ビジネス登録局 - ハノイ市計画投資省が発行した2013年4月24日付けの事業登録証明書（事業登録番号：0106162561）に基づき設立・運営され、2015年6月3日に1回目の変更登録を行いました。

　同社は投資建設コンサルタント分野でその名声、地位およびブランドを確立してきました。

❖ 創業者の理念・ビジョン

　成功を目指し、日々改善します。顧客の利益は同社の利益です。

　同社の利益だけではなく、地域社会への奉仕、社会的責任を果たします。

　企業のスタイルと文化的アイデンティティを創造します。

ビジョン：

　今後5年間で、同社は建設コンサルタント業でデジタル技術を利用するインターネット大手企業の1つになることを目指しています。

自社の強み

❖ 他社と比較しての強み

会社経営のコスト・バランスが適正です。

投資セクターからの資金を建設コンサルタント活動に役立てます。

知恵を出し、パートナーに最高の利益をもたらします。

❖ サービスの差別化について

オリジナル・サービスを提供します。

実績

❖ これまでの建設実績

バクニン省でのエンフォン・ハイスクール1号

バクニン省でのゴジアトゥ・ハイスクール

バクニン省でのハントゥイーン・ハイスクールなど

問い合わせ先

【社名】YUJI LIMITED COMPANY

【住所】No3-4/15 Lane-Phuong Mai, Dong Da, Hanoi

【電話番号】+84 24 66743811 – +84 967269680

【E-mailアドレス】Yuji2008.ltd@gmail.com

【担当者名】グエン ヴァン クアン

【WEBアドレス】http:/yuji.com.vn

PHUONG NGA INTERNATIONAL JOINT STOCK COMPANY

会社概要 ＊＊＊＊＊＊＊＊＊＊＊＊＊＊＊＊＊＊＊＊＊＊＊＊＊＊＊＊＊＊

【社 名】PHUONG NGA INTERNATIONAL JOINT
　　　　　STOCK COMPANY
【設立年月日】2012年10月29日
【資本金】50億VND
【代表者】レ・ゴック・アン
【売上(2018年度)】20億VND
【住所】The 3rd Floor, PUNACO Building, 352 Giai
　　　　Phuong Street, Thanh Xuan Ward, Hanoi
【従業員数】15名

設立の背景とビジョン

❖ 設立にいたるまで

　PHUONG NGA INTERNATIONAL JOINT STOCK COMPANYは地質調査サービス、地質掘削、建物、工場、建物の地盤工学的条件の評価などを提供します。

❖ 創業者の理念・ビジョン

　同社は競争力のある価格で堅実なサービスを提供します。

自社の強み

❖ 他社と比較しての強み

　同社は専門知識に裏打ちされたサービスを提供しています。

❖ サービスの差別化について

　同社は必要に応じて迅速に対応します。

実績

❖ これまでの建設実績

※以下は実績の一部
・タンホア省消防警察本部の地質調査
・ロングソン専用の港とセメントの配給所地質調査
・ビンディン省クイニョン市ハイカン区、新港にあるロングソンセメント流通ステーションの地質調査
・タンホア省の ギンソンコンテナ港 ギンソ経済圏の地質調査
・専用港と年間50万トン/の能力のスアンタンセメント配給所を建設するプロジェクトの地質調査
・ハノイ市ミーリン区のティエンフォン村にあるMEDIPLANTEX製薬工場2号の地質調査
・タンホア市、ソンマー合資会社の事務所の地質調査
・タンホア環境都市社の事務所の地質調査
・タンホア省サムソン町クァンク村のThanh Nien通りのROYAL Hotelホテルの地質調査
・タンホア市Dong Huong ホテルの地質調査
・タインホア省サムソン町Duc Thanh ホテル（拡大段階）の地質調査

問い合わせ先

【社名】PHUONG NGA INTERNATIONAL JOINT STOCK COMPANY
【住所】The 3rd Floor, PUNACO Building, 352 Giai Phuong Street, Thanh Xuan Ward, Hanoi
【電話番号】+8437 591 8326
【E-mailアドレス】geobiz789@gmail.com
【担当者名】トン ヴァン タン
【WEBアドレス】diachat789.com

〈著者プロフィール〉
ブレインワークスグループ

創業以来、中小企業を中心とした経営支援を手がけ、ICT活用支援、セキュリティ対策支援、業務改善支援、新興国進出支援、ブランディング支援など多様な提供する。ICT活用支援、セキュリティ対策支援などのセミナー開催も多数。とくに企業の変化適応型組織への変革を促す改善提案、社内教育に力を注いでいる。また、活動拠点のあるベトナムにおいては建設分野、農業分野、ICT分野などの事業を推進し、現地大手企業へのコンサルティングサービスも手がける。2016年からはアジアのみならず、アフリカにおけるビジネス情報発信事業をスタート。アフリカ・ルワンダ共和国にも新たな拠点を設立している。

http://www.bwg.co.jp

ベトナム建設企業60社

2020年4月15日 〔初版第1刷発行〕

編　著	ブレインワークス
発行人	佐々木紀行
発行所	カナリアコミュニケーションズ

　　　　　〒141-0031　東京都品川区西五反田6-2-7
　　　　　　　　　　　ウエストサイド五反田ビル3F
　　　　　TEL　03-5436-9701　FAX　03-3491-9699
　　　　　http://www.canaria-book.com

印刷所	クリード
装丁・DTP	新藤　昇

カナリアコミュニケーションズ 公式 Facebook ページ

いいね！
お願いします！

カナリアコミュニケーションズ公式
Facebook ページでは、おすすめ書籍や著者の
活動情報、新刊を毎日ご紹介しています！

 カナリアコミュニケーションズ 🔍

 カナリアコミュニケーションズで検索
またはＱＲコードからアクセス！

カナリアコミュニケーションズホームページはこちら
http://www.canaria-book.com/

Canaria Communications

ＩＣＴとアナログ力を 駆使して 中小企業が変革する

近藤 昇 著

第1弾書籍「だから中小企業のIT化は失敗する」
（オーエス出版）から約15年。この間に社会基盤、
生活基盤に深く浸透した情報技術の変遷を振り返り、
現状の課題と問題、これから起こりうる未来に
対しての見解をまとめた1冊。
中小企業経営者に役立つ知識、情報が満載！

2015 年 9 月 30 日発刊
1400 円（税別）
ISBN 978-4-7782-0313-9

もし、自分の会社の 社長がＡＩだったら？

近藤 昇 著

AI 時代を迎える日本人と日本企業へ捧げる提言。
人間らしく、AI と賢く向き合うための1冊。
将来に不安を感じる経営者、若者、シニアは必見！
実際に社長が日々行っている仕事の大半は、
現場把握、情報収集・判別、ビジネスチャンスの
発掘、リスク察知など。その中でどれだけ AI が
代行できる業務があるだろうか。10年先を見据えた
企業と AI の展望を示し、これからの時代に必要と
される ICT 活用とは何かを語り尽くす。

2016 年 10 月 15 日発刊
1300 円（税抜）
ISBN 978-4-7782-0369-6

新興国の起業家と共に日本を変革する！

近藤 昇 監修
ブレインワークス 編著

新興国の経営者たちが閉塞する日本を打破する！
ゆでがえる状態の日本に変革を起こすのは強烈な
目的意識とハングリー精神を兼備する新興国の
経営者たちにほかならない。
彼ら・彼女らの奮闘に刮目せよ！！
商売の原点は新興国にあり！
新興国の起業家と共に日本の未来を拓け！！

2018 年 3 月 26 日発刊
1400 円 （税別）
ISBN 978-4-7782-0417-4

「暮らしの物語」
女たちの想いで繋ぐ日々の記録

「暮らしの物語」編集委員会 著

いつの世も、ひたむきに、丁寧に生きた証を
語り継ぐ。小さな物語たちが鮮やかに映し出す
ニッポン暮らしの記憶。明治から今日までの
一世紀半。女性たちは暮らしに根ざした
生活文化を支え、知恵や技を脈々と
受け継いできた。
しかし、高度経済成長と科学技術の発展
とともに、家庭のありようも変容し、地域の伝統や
風習の多くも途絶えた。
何を残し、何を伝えていけばいいのか――
改めて考えていく必要がある。

2018 年 7 月 31 日発刊
1300 円 （税別）
ISBN 978-4-7782-0436-5